KESALAHAN FATAL TEORI RELATIVITAS EINSTEIN

Eksperimen Imajiner dan Prinsip
Kesetaraan Einstein Tidak Lengkap dan
Menyesatkan, dan Metodologi
Pembuktian Hipotesisnya Tidak Ilmiah

GATOT SOEDARTO

GATOT SOEDARTO

Copyright © 2016 Gatot Soedarto.

All rights reserved.

Hak pengarang dilindungi Undang-Undang.

ISBN-13: **978-1532782893**

ISBN-10: **1532782896**

Diterbitkan di Amerika Serikat oleh CreateSpace Independently Books Publisher.

Editing 21 November 2017.

DEDIKASI

Saya dedikasikan buku ini untuk Ananda Dyah Ayu Fransiska Pintasari, SH

ISI BUKU

Kata Pengantar	5
1. Teori Relativitas Einstein	9
2. Eksperimen Imajiner dan Prinsip Kesetaraan Einstein, Ternyata Salah	21
3. Meninjau Pembuktian Teori Relativitas Umum di tahun 1919	33
4. Bukti Otentik Cara Pembuktian Teori Relativitas Umum Tidak Ilmiah	41
5. Pembelokan Cahaya Disebabkan Refraksi, Bukan Gravitasi	54
6. Tentang Bulatan Angkasa	65
7. Bukti Kecepatan Cahaya Tidak Konstan	83
8. Kesimpulan	87
Referensi	

KESALAHAN FATAL TEORI RELATIVITAS EINSTEIN

Kata Pengantar

Kesalahan fatal teori relativitas Einstein berawal dari Eksperimen Imajiner (Thought Experiments) yang ternyata salah dan menyesatkan.

Telah ditemukan fakta-fakta baru – dan dipandang sebagai bukti yang otentik – menunjukkan bahwa teori relativitas Albert Einstein, baik Teori Relativitas Khusus dan Teori Relativitas Umum sejak awalnya sudah keliru. Maksudnya, ke dua teori itu merupakan hasil pemikiran Einstein berdasarkan eksperimen imajiner (thought experiment), dan bukan eksperimen yang sebenarnya, sedangkan kesimpulan dari ekperimen imajiner tersebut berupa suatu prinsip yang dikenal dengan sebutan Prinsip Kesetaraan Einstein atau Einstein's Equivalence Prinsiple. Baik eksperimen-eksperimen imajiner maupun prinsip kesetaraan ternyata tidak lengkap (incomprehensive) dan cenderung bisa menyesatkan.

Sampai tahun 2010 penulis masih percaya bahwa teori relativitas Einstein itu benar, dan mengagumi Einstein sebagai sosok ilmuwan besar yang teori-teorinya dipandang bisa mengubah pemahaman kita mengenai alam semesta. Bahkan, teori relativitasnya itu sering dikatakan sebagai salah satu pilar yang menyangga bangunan Model Standar Fisika Modern. Model Standar Fisika Modern mempunyai dua pilar utama, yaitu teori relativitasnya Einstein dan Teori

Kuantum. Namun sudah puluhan tahun dua pilar ini tidak bisa disatukan. Teori relativitas Einstein hanya bisa digunakan pada skala besar alam semesta, dan ketika teori ini dibawa ke skala kecil, atom dan kuantum, ternyata tidak bisa ditemukan atau tidak konsisten. Walhasil, model standar fisika modern masih sekedar teoritis, dan sering justru menimbulkan kebingungan.

Kekaguman pada teori relativitas Einstein – saya pandang sebagai suatu teori yang indah – telah beberapa kali saya refleksikan dalam tulisan atau artikel dan kemudian dimuat di media yang terbit di Jakarta. Namun pada tahun 2010 secara kebetulan saya membaca buku 'The Universe and Dr.Einstein', karangan Lincoln Barnett, London 1949, kata pengantar di buku itu oleh Albert Einstein sendiri. Lincoln Barnett adalah mantan editor majalah terkenal di Amerika Serikat, dan kelihatannya Albert Einstein percaya kepada Lincoln Barnett untuk menuliskan pengalaman dan latar belakang pemikirannya berkaitan dengan ke dua teori unggulannya, yaitu relativitas khusus dan umum. Bukan itu saja, di buku tersebut juga dijelaskan kepercayaan pribadi Albert Einstein dalam hubungannya dengan Tuhan Sang Pencipta Alam. Einstein percaya adanya Tuhan bukan dalam pengertian 'Personal God', kepercayaannya mengikuti faham filsafat Spinoza, yang di kemudian hari fahamnya dikenal dengan sebutan Deisme, yaitu percaya adanya Super Intelligence.

Secara singkat, di dalam buku karangan Lincoln Barnett itu dijelaskan metoda yang diusulkan Einstein untuk membuktikan hipotesisnya 'cahaya dipengaruhi

KESALAHAN FATAL TEORI RELATIVITAS EINSTEIN

gravitasi', yaitu bahwa cahaya akan dibengkokkan/disimpangkan jika melewati medan gravitasi benda masif, misalnya matahari (deflection of light by the Sun). Einstein mengusulkan pembuktiannya hanya bisa dilakukan ketika terjadi gerhana matahari, di mana pada saat itu terlihat bintang dan matahari bersama-sama ketika langit gelap.

Ketika membaca cara pembuktian hipotesis yang diminta oleh Einstein, saya cukup terkejut. Dan otomatis saya berkomentar dalam hati, cara yang diusulkan itu tidak ilmiah, dan tidak bisa dilakukan. Cara pembuktian itu menyangkut domainnya Ilmu Astronomi, dan kebetulan saya memiliki pengalaman cukup lama sebagai dosen Ilmu Astronomi. Oleh karenanya saya bisa mengatakan :"Albert Einstein's proving-method for his hypothesis deflection of light by the Sun, isn't scientifically correct and deeply wrong'. Sejak itu kekaguman saya terhadap teorinya Albert Einstein mulai berkurang, dan saya berusaha mengetahui penyebab dari kekeliruan cara pembuktiannya itu.

Buku ini berjudul 'Kesalahan Fatal Teori Relativitas Einstein', menjelaskan tentang Teori Relativitas Khusus dan Teori Relativitas Umum, serta latar belakang lahirnya ke dua teori itu. Bagaimana cara pembuktian yang diusulkan oleh Einstein, dan bagaimana cara tersebut ternyata dilakukan oleh Tim Ilmuwan dari negara Inggris serta hasilnya, dijelaskan dalam buku ini disertai analisis dan uraian tentang konsep dasar di dalam astronomi. Semuanya itu dirangkum sesuai sub judul buku 'Eksperimen Imajiner dan Prinsip Kesetaraan Einstein Tidak

Lengkap dan Menyesatkan, dan Metoda Pembuktian Hipotesisnya Tidak Ilmiah'

Dengan terbitnya buku ini penulis mengucapkan terima kasih kepada penerbit dan staf, semoga buku ini semakin memperkaya ide dan gagasan dalam sains modern, khususnya dalam Fisika Modern dewasa ini yang semakin berkembang, namun memerlukan perhatian karena banyaknya teori atau hipotesis yang pada akhirnya tidak terselesaikan sehingga menjadi 'Unsolved Mysteries in Physics'.

Selamat membaca, semoga bermanfaat.

21 November 2017

Penulis

Gatot Soedarto

1

Teori Relativitas Einstein

Teori Relativitas Einstein ada dua macam. Teori yang pertama Relativitas Khusus yang diumumkan pada tahun 1905 dengan persamaan terkenal E = mc2, merupakan persamaan yang menyatakan kesetaraan antara energi dengan massa. Teori ini diawali oleh Albert Einstein dengan penolakannya terhadap teori ether. Hal itu sesuai dengan pengamatannya terhadap hasil percobaan Michelson dan Morley, ke duanya ilmuwan Amerika Serikat, yang melakukan eksperimen guna membuktikan ada/tidaknya ether, dan tidak berhasil mendeteksi adanya ether. Pada saat mempublikasikan teori relativitas khusus, Einstein masih beusia 26 tahun, dan pada waktu itu dia seorang pegawai di kantor Paten, kota Berne, Jerman.

Dua hipotesisnya yang terkenal dalam teorinya ini, pertama bahwa 'kecepatan cahaya konstan' Einstein menyebut hipotesisnya ini sebagai 'wahyu hukum alam semesta'. Ke dua, bahwa 'kecepatan cahaya tertinggi di alam', tidak ada sesuatu yang lebih cepat dari kecepatan cahaya.

Teori yang ke dua adalah Relativitas Umum. Teori ini lahir didorong oleh kenyataan yang baru disadari kemudian oleh Einstein, bahwa teori relativitas khusus ternyata tidak konsisten dengan teori gravitasnya Newton, yang mengatakan bahwa benda-benda angkasa saling bertarikan dengan gaya yang besarnya ditentukan oleh jarak antara benda-benda itu.

Hipotesisnya dalam teori relativitas khusus, bahwa kecepatan cahaya merupakan kecepatan yang tertinggi di alam semesta bertentangan dengan gravitasinya Newton. Kecepatan gaya tarik menarik antara benda-benda di angkasa, misalnya gaya tarik bulan yang menimbulkan perubahan dalam sekejab berupa gerakan pasang air laut di bumi, bermakna bahwa efek gravitasi merambat dengan kecepatan tak terhingga, bukannya dengan kecepatan cahaya atau lebih rendah.

Einstein's general relativity resolved conflicts between Newton theory of gravity and the special theory of relativity.(einsteinonline) But ....make conflicts itself between special and general of relativity.

Einstein berkali-kali mencoba mencari solusi terhadap tidak konsistennya teori relativitas khusus dihadapkan dengan teori gravitasnya Newton. Setelah lebih dari 6 tahun mencoba, akhirnya ia menemukan solusi yang luar biasa yaitu Teori Relativitas Umum yang diumumkan pada tahun 1915, yang menyatakan bahwa hukum alam untuk semua sistem berlaku sama tanpa dipengaruhi oleh geraknya.

Dalam teori relativitas umum Einstein mengemukakan hukum baru tentang gravitasi, bahwa gravitasi bukanlah suatu gaya sebagaimana dikenal dalam teori gravitasinya Newton, melainkan merupakan bagian dari kelembaman.

Hukum gravitasinya menggambarkan kelakuan benda dalam medan gravitasi, contohnya planet-planet, bukan dalam pengertian ' gaya tarik ' tetapi hanya dalam pengertian lintas yang dilaluinya. Bagi Einstein, gravitasi adalah bagian dari kelembaman. Gerakan bintang dan planet berasal dari turunan kelembamannya, dan lintas yang dilaluinya ditentukan oleh sifat metris ruang, atau lebih tepatnya sifat metris kesinambungan ruang – waktu, space-time atau spacetime.

Teori Relativitas dan Aether

"Einstein sometimes used the word aether for the gravitational field within general relativity, but this terminology never gained widespread support."(wiki)

Teori relativitas umum yang diumumkan pada tahun 1915 menyelesaikan konflik antara relativitas khusus dengan teori gravitasinya Newton, ironisnya justru membuat konflik baru pada ke dua teorinya sendiri. Dengan kata lain, terjadi inkonsistensi antara relativitas khusus dan relativitas umum terkait dengan konsep Aether atau Ether (Luminiferus Aether). Teori Relativitas Khusus yang diumumkan pada tahun 1905 mengabaikan dan menentang adanya ether, namun dalam Relativitas Umum Einstein menerima ide adanya ether.

Ether adalah suatu media yang sebelumnya dipercayai adanya sebagai media perantara bagi gelombang elektromagnet. Namun dua fisikawan Amerika A.A. Michelson dan E.W.Morley yang melakukan percobaan di Cleveland pada tahun 1881, dan beberapa tahun kemudian percobaan itu diulangi lagi, ternyata tidak berhasil membuktikan adanya ether.

Mengacu kepada hasil percobaan Michelson-Morley, ether bisa dikatakan tidak ada, atau mungkin tidak bisa dibuktikan keberadaannya. Dan sebenarnya hasil percobaan Michelson - Morley itu yang mendorong Einstein menemukan ide kreatifnya dalam teori relativitas khusus. Dalam teori ini Einstein membentangkan suatu pengertian fisika baru yang menolak teori ether beserta ide ruang secara keseluruhan sebagai sistem atau kerangka tetap, mutlak diam sehingga memungkinkan membedakan gerak mutlak dari gerak relatif.

Sebagaimana ditulis di atas, teori relativitas khusus mengabaikan ether, namun dalam teori relativitas umum Einstein menerima ide adanya aether.

Hal ini terungkap dalam pernyataannya pada

KESALAHAN FATAL TEORI RELATIVITAS EINSTEIN

tahun 1920 :

" we may say that according to the general theory of relativity space is endowed with physical qualities; in this sense, therefore, there exists an ether. According to the general theory of relativity space without ether is unthinkable,...."
(*Albert Einstein, an address delivered on May 5th, 1920, in the University of Leyden*).

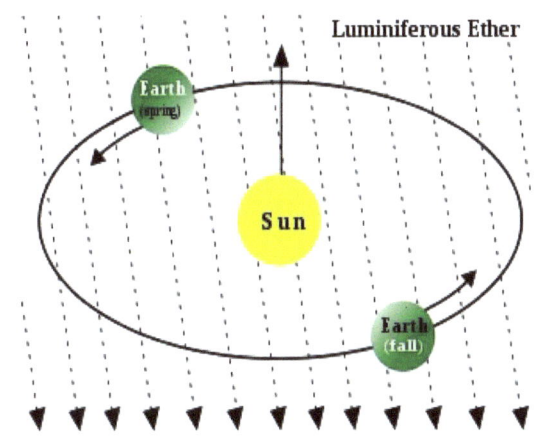

The luminiferous aether: it was hypothesised that the Earth moves through a "medium" of aether that carries light (wikipedia)

Dalam pernyataannya di atas, ether yang dimaksud oleh Einstein adalah ether klasik seperti yang dipercayai adanya oleh Newton. Namun entah mengapa – barangkali menyadari pengakuannya itu bertentangan dengan pernyataannya sebelumnya dalam teori relativitas khusus – maka dalam papernya di tahun 1924 Einstein 'mengubah' pendapatnya yang pada intinya menyebut 'aether of general relativity', berbeda dengan ether klasik.

"In another paper of 1924, named "Concerning the Aether", Einstein argued that Newton's absolute space, in which acceleration is absolute, is the "Aether of Mechanics". And within the electromagnetic theory of Maxwell and Lorentz one can speak of the "Aether of Electrodynamics", in which the aether possesses an absolute state of motion. As regards special relativity, also in this theory acceleration is absolute as in Newton's mechanics. However, the difference from the electromagnetic aether of Maxwell and Lorentz lies in the fact, that "because it was no longer possible to speak, in any absolute sense, of simultaneous states at different locations in the aether, the aether became, as it were, four dimensional, since there was no objective way of ordering its states by time alone.". Now the "aether of special relativity" is still "absolute", because matter is affected by the properties of the aether, but the aether is not affected by the presence of matter. This asymmetry was solved within general relativity. Einstein explained that the "aether of general relativity" is not absolute, because matter is influenced by the aether, just as matter influences the structure of the aether"(luminiferous aether-wikipedia).

Namun pengakuan atau pendapat Einstein tentang ether kurang mendapat respon, dan cenderung dilupakan atau diabaikan, sehingga dengan berbasis teori relativitas umum timbul pemikiran/hipotesis tentang adanya 'Dark

Matter' dan 'Dark Energy' yang bagi sebagian ilmuwan dianggap sebagai tandingan teori ether klasik. Singkatnya, dalam fisika modern sekarang ether dianggap tidak ada dan yang ada adalah dark matter dan dark energy, yang sampai sekarang belum bisa dijelaskan.

Majalah Livescience menyebut dua hipotesis itu termasuk misteri dalam fisika modern yang belum terpecahkan. Sedangkan majalah The New Scientist justru lebih tegas menyatakan dua hal itu sebagai sesuatu yang tidak masuk akal (Do not make sense).

Konsep Ruang-Waktu atau Space-Time

Teori Relativitas Umum dibangun berdasarkan idenya Einstein tentang Waktu, bahwa tidak ada waktu mutlak seperti keyakinan Newton dan para ilmuwan sebelumnya. Tetapi Einstein berpendapat adanya kesinambungan Ruang-Waktu. Oleh karenanya teori relativitas umum berhubungan dengan Ruang, Waktu, dan struktur alam semesta secara keseluruhan.

Kesinambungan Ruang-Waktu atau Space-Time, sering ditulis space-time atau spacetime, istilah ini seringkali menimbulkan perdebatan. Istilah spacetime aslinya adalah suatu model dari matematika-just a mathematical model-dan sama sekali tidak ada dalam realitas. Namun banyak salah paham, dan hal ini juga dipicu oleh Albert Einstein sendiri dalam tulisannya, misalnya istilah 'ripples in spacetime' atau 'riak dalam spacetime', cukup membingungkan dan bisa menyesatkan, tentunya yang dimaksud ialah 'riak dalam space/ruang', istilah ini yang kemudian diartikan sebagai gelombang gravitasi atau 'gravitational waves'. Demikian juga istilah 'curved space' atau 'warped space'- ruang melengkung-aslinya juga suatu model matematika dan sama sekali tidak ada dalam realitas. Dalam menjelaskan 'ruang melengkung' biasa digambarkan seperti gambar berikut ini.

Warped space (wikipedia)

Gambar di atas adalah gambar model untuk menjelaskan teori gravitasinya Einstein. Suatu gambar model yang berarti tidak ada dalam realitas sebenarnya. Sama seperti misalnya, bahwa suatu peta Indonesia bukanlah negara Indonesia.

Berbeda dengan teori gravitasi Newton,

menurut Einstein gravitasi bukan gaya-gravity nothing a force – melainkan disebabkan karena warped space. Bayangkan kita menggelindingkan bola masuk ke suatu lubang di tanah yang berbentuk setengah bulatan, maka bola itu akan menggelinding mengikuti bulatan lubang itu. Sayang tidak ada yang mempertanyakan, setelah bola menggelinding akhirnya akan berhenti .....? Dan juga seandainya suatu berkas sinar diarahkan ke bulatan lubang di tanah ....berkas sinar itu jelas tetap lurus, tidak mengikuti bulatan lubang.

Cahaya dipengaruhi gravitasi

Dalam teori relativitas umum Einstein menyimpulkan bahwa cahaya seperti juga benda materi lainnya, bergerak melengkung bila melalui medan gravitasi dari suatu benda masif.

Einstein menyarankan hipotesanya itu dapat diuji untuk mengamati lintas cahaya bintang dalam medan gravitasi matahari. Oleh karena bintang tak terlihat pada siang hari, maka hanya ada satu kesempatan ketika matahari dan bintang dapat bersama-sama terlihat di langit, dan itulah saat terjadi gerhana matahari.

Ia mengusulkan, foto yang diambil terhadap bintang pada saat matahari gelap selama gerhana dibandingkan dengan foto bintang yang sama diambil pada saat yang lain / pada waktu malam hari.

Menurut hipotesanya, cahaya bintang yang terlihat di sekitar matahari akan dibelokkan ke dalam, menuju matahari saat melewati medan gravitasi matahari, sehingga gambar dari bintang itu akan tampak bagi pengamat di bumi bergeser keluar dari posisi sebenarnya di langit. Einstein menghitung tingkat penyimpangannya dan meramalkan bahwa untuk bintang yang terlihat terdekat dengan matahari, penyimpangannya kira-kira **1,75** detik busur.

Cara pembuktian teori sesuai yang diusulkan oleh Einstein itu tercatat dalam buku ' The Universe and Dr.Einstein ' karangan Lincoln Barnett, yang pertama kali diterbitkan di London, pada bulan Juni 1949. Kata Pengantar buku tersebut ditulis oleh Albert Einstein sendiri.

"From these purely theoretical considerations Einstein concluded that light, like any material object, travels in a curve when passing through the gravitational field of a massive body. He suggested that his theory could be put to test by observing the path of starlight in the gravitational field of the sun. Since the stars are invisible by day, there is only one occasion when sun and stars can be seen together in the sky, and that is during an eclipse.

Eintein proposed, therefore, that photographs be taken of the stars immediately bordering the darkened face of the sun during an eclipse and compared with photographs of those same stars made at another time.

KESALAHAN FATAL TEORI RELATIVITAS EINSTEIN

According to his theory, the light from the stars surrounding the sun should be bent inward, toward the sun, in traversing the sun's gravitational field; hence the images of these stars should appear to observer on earth to be shifted outward from their usual positions in the sky.

Einstein calculated the degree of deflection that should be observed and predicted that for the stars closest to the sun the deviation would be about 1.75 seconds of an arc.

Since he staked his whole General theory of Relativity on this test, men of science throughout the world anxiously awaited the findings of expeditions which journeyed to equatorial regions to photograph the eclipse of May 29, 1919.

When their pictures were developed and examined, the deflection of the starlight in the gravitational field of the sun was found to average 1.64 seconds – a figure as close to perfect agreement with Einstein's prediction as the accuracy of instruments allowed. " (Lincoln Barnett, The Universe and Dr.Einstein, London, Victor Gollanez LTD, First Published June 1949, Preface by Albert Einstein, page 78-79).[1)]

Cara pembuktian sesuai kutipan di atas: *"Einstein mengusulkan, bahwa foto-foto bintang yang diambil ketika langit keadaan gelap pada waktu terjadi gerhana, dibandingkan dengan foto-foto bintang yang sama, yang diambil di lain waktu (malam hari).*

Cara pembuktian sesuai yang tertulis dalam kutipan di atas **sama sekali tidak ilmiah ditinjau dari keilmuan astronomi, dan salah**, dalam arti tidak mungkin bisa dilakukan. Tentang hal ini nantinya akan dijelaskan secara detil, namun sebelumnya perlu disampaikan dulu eksperimen imajiner Einstein yang mendasari teori relativitasnya dan kesimpulan dari eksperimen imajiner Einstein yang dikenal sebagai Prinsip Kesetaraan (Einstein's Equivalence Principle).

2
Eksperimen Imajiner dan Prinsip Kesetaraan Einstein, Ternyata Salah

Pemikiran kreatif Einstein dalam teori relativitas khusus maupun teori relativitas umum adalah teoritis murni, dan ia memperagakan ide kreatifnya itu dengan menggunakan semacam eksperimen atau suatu pentas imajiner. Rinciannya selama ini tidak diragukan oleh banyak ilmuwan, dalam arti belum ada yang menolak atau mengkritisi eksperimen imajinernya, namun ada beberapa ilmuwan yang mempertanyakan Prinsip Kesetaraannya.

Eksperimen imajiner yang dilakukan oleh Einstein sebagaimana tertulis dalam buku 'The Universe and Dr.Einstein', karangan Lincoln Barnett, London, 1949:

Elevator Supranatural

"This physicists are still in the elevator, but this time they really are in the empty space, far away from the attractive power of any celestial body. A cable is attached to the roof of the elevator; some supernatural force begins reeling in the cable; and the elevator travels "upward" with constant acceleration, i.e. progressively faster and faster. Again the men in the car have no idea where they are, and again they perform experiments to evaluate their situation. This time they notice that their feet press solidly against the floor come up beneath them.

If they release objects from their hands, the objects appear to "fall". If they toss object in a horizontal direction they do not move uniformly in a straight line, but describe a parabolic curve with respect to the floor.

And so the scientist, who have no idea that their windowless car actually is climbing through interstellar space, conclude that they are situated in quite ordinary circumstances in a stationary room rigidly attached to the earth and affected in normal measure by the force of gravity. There is no way for them to tell whether they are at rest in a gravitational field or ascending with constant acceleration through outer space where there is no gravity at all................

So Einstein's Law of Gravitation contain nothing about force. It describes the behavior of objects in a gravitational field-he planets, for example-not in terms "attraction" but simply in the terms of the paths they follow. To Einstein, gravitation is simply part of inertia; the movements of stars and the planets arise from their inherent inertia; and the courses they follow are determined by the metric properties of space-or, more properly speaking, the metric properties of the space-time continuum.

(The Universe and Dr.Eintein, Lincoln Barnett, London 1949, page 69–72).

Terjemahan :

"Para fisikawan masih berada di dalam elevator/lift, tapi kali ini mereka benar-benar berada di ruang kosong, jauh dari gaya tarik-menarik benda-benda angkasa. Kabel diikat di atap lift, lalu ada kekuatan supranatural menarik kabel ke atas;.. dan lift naik "ke atas" dengan percepatan konstan, yaitu semakin cepat dan lebih cepat lagi. Orang-orang (fisikawan) di dalam lift/kendaraan itu tidak tahu di mana mereka berada, dan lagi mereka sedang melakukan percobaan untuk mengevaluasi situasi mereka saat ini. Mereka melihat/merasakan bahwa kaki mereka menekan kuat terhadap lantai lift di bawah mereka.

Jika mereka melepaskan benda dari tangan mereka, benda-benda itu terlihat "jatuh" ke lantai lift. Jika mereka melemparkan sebuah benda dalam arah horisontal, benda itu tidak bergerak dalam garis lurus, tapi bergerak melengkung/kurva parabola terhadap lantai lift.

Dan jadi para fisikawan tidak tahu bahwa lift/kendaraan yang tanpa jendela itu benar-benar naik/mendaki melalui ruang antar bintang, menyimpulkan bahwa mereka berada di kendaraan dalam keadaan biasa yang sedang berhenti di suatu tempat di bumi, dan terpengaruh oleh gaya gravitasi dalam ukuran normal. Tidak ada cara bagi mereka untuk mengatakan apakah mereka beristirahat dalam medan gravitasi atau naik dengan percepatan konstan melalui luar angkasa di mana tidak ada gravitasi sama sekali................

Jadi Hukum Gravitasinya Einstein tidak berisi apa-apa tentang gaya /kekuatan. Tapi menggambarkan perilaku objek dalam medan gravitasi-planet-planet, misalnya-tidak dalam hal "gaya tarik" tetapi hanya dalam hal jalan yang mereka ikuti. Bagi Einstein, gravitasi hanya bagian dari inersia; pergerakan bintang dan planet-planet timbul dari inersia yang melekat mereka; dan lintasan yang mereka lalui yang ditentukan oleh sifat metrik ruang-atau, lebih tepatnya, sifat kontinum dari metrik ruang-waktu."

Setiap orang yang mempelajari teorinya Enstein dan membaca eksperimen imajinernya (thought experiment) di atas, pertama kali akan terkesan dan kagum, dan lalu membenarkan gagasan Einstein tentang gravitasi sesuai imajinasi tersebut, bahwa gravitasi bukan suatu gaya/force, melainkan suatu kelembaman atau gerak dari suatu obyek mengikuti lengkungan di ruang /space atau Lengkungan Ruang-Waktu atau 'curved space'/'warped space. Tidak ada

KESALAHAN FATAL TEORI RELATIVITAS EINSTEIN

gaya tarik-menarik antara bintang dan planet-planet.

Benarkah kesimpulan yang diambil oleh Einstein dari eksperimen imajinernya di atas, bahwa gravitasi bukan gaya atau 'force', melainkan bagian dari inersia yang ditentukan oleh sifat metrik ruang?

Jawabannya jelas, kesimpulan itu tidak benar alias salah!

Adapun alasannya diuraikan di bawah ini:

Di dalam eksperimen imajiner di atas digambarkan 3 (tiga) peristiwa yang menjadi obyek pengamatan para fisikawan di dalam elevator/lift :

1. Mereka melihat/merasakan bahwa kaki mereka menekan kuat terhadap lantai lift di bawah mereka.

2. Jika mereka melepaskan benda dari tangan mereka, benda-benda itu terlihat "jatuh" ke lantai lift.

3. Jika mereka melemparkan sebuah benda dalam arah horisontal, benda itu tidak bergerak dalam garis lurus, tapi bergerak melengkung/kurva parabola terhadap lantai lift.

Tiga objek peristiwa di atas berhubungan pengaruh gravitasi terhadap benda yang memiliki massa/berat, atau 'benda jatuh'. Eksperimen imajiner berupa elevator yang bergerak naik ke atas dengan percepatan konstan di atas hanya menjelaskan soal 'benda jatuh' dan tidak menjelaskan apa-apa tentang pengaruh gravitasi terhadap peredaran benda-benda angkasa dalam orbitnya, misalnya peredaran planet-planet mengelilingi matahari. Lalu bagaimana mungkin pengamat di luar elevator (Albert Einstein) mengambil suatu kesimpulan bahwa gravitasi bukan suatu gaya (nothing about force). dan lebih jauh lagi mengatakan: *'menggambarkan perilaku objek dalam medan gravitasi-planet-planet, misalnya-tidak dalam hal gaya tarik tetapi hanya dalam hal jalan yang mereka ikuti.'*

Eksperimen imajiner di atas juga tidak menggambarkan terjadinya gerakan air pasang dan surut disebabkan gaya tarik dari bumi dan bulan, dan masih banyak lagi peristiwa alam yang terjadinya disebabkan karena pengaruh gaya gravitasi-gelombang gravitasi/gravity waves- antara lain:

1.Membentuk lapisan Atmosfer bumi.

Ini satu hal yang baru-entah ini dikatakan pemikiran baru/hipotesis- dan barangkali belum ada penelitiannya untuk menjawab pertanyaan apakah gravitasi bumi berperan menentukan adanya lapisan atmosfer? Diprediksi bahwa gaya gravitasi bumi sangat berperan dalam membentuk lapisan-lapisan atmosfer bumi.

> **WHAT IS GRAVITY?**
> **A FORCE DUE TO THE EFFECTS OF WELL BALANCED UNIVERSE**
>
> Gravity is a force to maintain the well balanced of the Universe
>
> How did our universe get to be so homogenous, beautiful and special? Gravity is the builders the balance of universe and all the celestial bodies
>
> How did our planet and atmosphere get to be so regular? The formation of Earth's atmosphere was caused by Earth's gravity. Earth's gravity is the builders of Earth's atmosphere. Planet's gravity is the builders of planet's atmosphere.(GSA)

Hypothesis

Jika tidak ada gaya gravitasi bumi yang menarik dan 'mengikat' atom-atom gas, bisa jadi bumi tidak memiliki atmosfer yang tertata lapisan-lapisannya, mulai dari lapisan terendah troposfer sampai ionosfer.

2. Gempa bumi (Earthquake)

Telah ada beberapa hasil penelitan, antara lain penelitian yang dilakukan di China berdasarkan pengamatan dari tahun 1998 - 2010, bahwa perubahan kekuatan gaya gravitasi setempat bisa dipakai sebagai petunjuk awal terjadinya suatu pergeseran lapisan tanah, yang bisa mengakibatkan gempa bumi. Hal ini merupakan suatu kemajuan dalam sains, mengingat selama ini terjadinya bencana gempa bumi datang dengan tiba-tiba dan tidak bisa diprediksi sebelumnya.

3. Tsunami.

Terjadinya gelombang pasang air laut atau tsunami dipicu oleh kejadian gempa bumi di dasar laut, yaitu pergeseran lempeng/lapisan bumi akibat pengaruh gaya gravitasi bumi.

4. Gelombang dan Ombak Laut

Mengamati gelombang dan ombak di tengah laut, dan juga ombak yang memecah di pantai, adalah suatu pemandangan yang sangat menarik jika kita pada saat itu sambil memikirkan bagaimana ilmu fisika-gravitasi bumi, gravity in fluid dynamics-bekerja di sana. Gelombang di tengah laut bergerak naik-turun digerakkan oleh angin dan tarikan gaya gravitas bumi terlihat begitu indahnya mengembalikan air laut dalam keseimbangannya. Seorang penyair barangkali akan lebih indah lagi menggambarkan dalam syairnya, bagaimana tarikan gravitasi bumi se-akan-akan bagaikan tangan seorang ibu yang tidak ingin anaknya lepas dari tangannya-oleh hembusan angin yang kuat-dan ditariknya kembali dalam pelukannya.

Pengalaman yang indah, dan itu nyata, dapat dilihat oleh siapa saja, dan dapat dibuktikan oleh siapa saja-bahwa gaya gravitasi itu ada – bagaimana mungkin bisa percaya terhadap seseorang yang mengatakan 'nothing about force' ...walaupun yang mengatakan itu dikenal sebagai seorang jenius dan ilmuwan besar di dunia .....

Surface gravity wave, breaking on an ocean beach (Wikipedia).

5. Dan masih banyak lagi peristiwa alam yang disebabkan oleh gaya gravitasi bumi, misalnya terjadinya bermacam-macam angin topan, puting beliung, dan tornado.

Semuanya itu akan sangat sulit –bahkan, tidak mungkin-dirangkum dalam satu eksperimen imajiner yang utuh, sehingga bisa diambil kesimpulan yang tepat dan benar.

Dengan demikian eksperimen imajinernya Albert Einstein adalah suatu eksperimen imajiner yang tidak lengkap (incomprehensive) dan cenderung menyesatkan.

Memang ada beberapa eksperimen imajiner lainnya misalnya menjelaskan cahaya 'melengkung' (light bending), namun merupakan eksperimen imajiner parsial—kasus per kasus- dan tidak bisa digunakan untuk mengambil kesimpulan yang bersifat umum.

Eksperimen imajiner di atas juga dijelaskan dalam Web 'einsteinonline', berupa elevator dan roket dan Albert Einstein justru 'menemukan' kesimpulan penting yang dinamakan 'Prinsip Kesetaraan Einstein' atau 'Einstein's Equivalence Prinsiple' yang pada dasarnya menyatakan, *bahwa di dalam ruang tertutup (elevator atau kabin roket) yang naik ke atas, keadaannya akan sama dan tidak ada cara untuk membedakan apakah berada di ruang angkasa bebas gaya gravitasi atau berada di tempat / medan gravitasi misalnya di permukaan bumi.*

KESALAHAN FATAL TEORI RELATIVITAS EINSTEIN

"Einstein became convinced that this inability to distinguish a region with a gravitational field from one without was not just restricted to observations of falling bodies. He postulated that it holds true for any physical measurements at all: No experiment, no clever exploitation of the laws of physics, he claimed, can tell us whether we are in free space or in a gravitational field.

This statement is called the equivalence principle. One of the consequences: In a reference frame that is in free fall, the laws of physics are the same as if there were no gravity at all—the laws of physics are those of special relativity!(einsteinonline)

Dan sesuai uraian di atas tadi, bahwa eksperimen imajiner Einstein tidak lengkap (incomprehensive) dan cenderung menyesatkan, maka suatu prinsip yang diambil dari eksperimen imajiner itu tidak bisa dibenarkan secara ilmiah, dengan kata lain Prinsip Kesetaraan itu salah.

Kesalahan Eksperimen imajiner dan Prinsip Kesetaraan Einstein tampak dengan jelas, mengingat hasil pemikiran Einstein itu dilakukan sekitar tahun 1915 atau sebelumnya, di mana pada waktu itu pengetahuan tentang gravitasi belum berkembang seperti sekarang ini. Pada masa itu kekuatan gaya gravitasi bumi di semua tempat adalah sama: 9,81 m/s2.

Namun dewasa ini sudah diketahui bahwa

kekuatan gaya gravitasi di permukaan bumi/di masing-masing tempat tidak sama.

"The precise strength of Earth's gravity varies depending on location. The nominal "average" value at the Earth's surface, known as standard gravity is, by definition :9.80665 m/s2

Amsterdam: 9.813, Athens : 9.800, Aucklan : 9.799, Bangkok :9.783, Brussels : 9.811, Buenos Aires: 9.797, Calcutta : 9.788, Jakarta : 9.781" (wikipedia)'

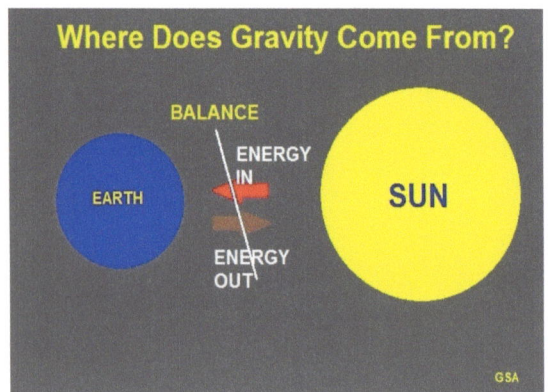

The Energy for Earth's Gravity Come from The Sun

3

Meninjau Pembuktian Teori Relativitas Umum di Tahun 1919

Di bawah ini adalah gambar yang biasa digunakan untuk menjelaskan pembuktian Teori Relativitas Umum oleh ilmuwan Inggris, Sir Arthur Eddington dan Dyson, pada tahun 1919 pada saat terjadi gerhana matahari.

Dalam gambar di bawah ini, gambar posisi bintang yang terletak di atas, menunjukkan Posisi Sebenarnya bintang atau dalam istilah Astronomi disebut **Posisi Sejati** sebuah bintang (Actual/True/Real Position). Sedangkan gambar bintang yang terletak di bagian bawah menunjukkan Posisi Tidak Sebenarnya bintang, atau posisi bintang pada saat pengamatan baik dilihat dengan mata telanjang maupun dilihat dengan menggunakan alat, dalam istilah astronomi disebut **Posisi Semu** sebuah bintang (Apparent/Observed Position).

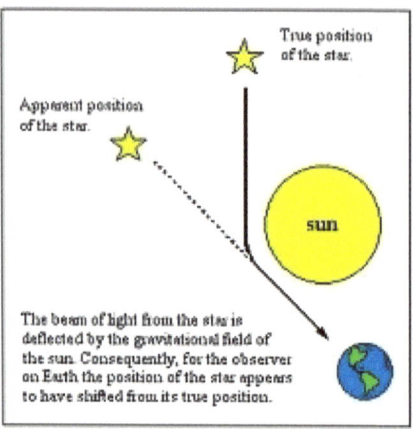

Berdasarkan hipothesis Einstein, cahaya bintang membelok ketika melintasi medan gravitasi matahari

Sebagaimana telah diketahui, Albert Einstein menyimpulkan bahwa cahaya seperti juga benda materi, bergerak melengkung bila melalui medan gravitasi dari suatu benda masif. Hipotesisnya ini sebenarnya bertentangan dengan pandangannya bahwa gravitasi adalah bukan soal gaya. Namun Einstein malah menyarankan hipotesisnya itu dapat diuji untuk mengamati lintas cahaya bintang dalam medan gravitasi matahari. Oleh karena bintang tak terlihat pada siang hari, maka hanya ada satu kesempatan ketika matahari dan bintang dapat bersama-sama terlihat di langit, dan itulah saat terjadi gerhana matahari.

Ia mengusulkan, foto yang diambil terhadap bintang pada saat matahari gelap selama gerhana dibandingkan dengan foto bintang yang sama diambil pada saat yang lain / pada waktu malam hari.

Menurut hipotesisnya, cahaya bintang yang terlihat di sekitar matahari akan dibelokkan ke dalam, menuju matahari saat melewati medan gravitasi matahari, sehingga gambar dari bintang itu akan tampak bagi pengamat di bumi bergeser keluar dari posisi sebenarnya di langit. Einstein menghitung tingkat penyimpangannya dan meramalkan bahwa untuk bintang yang terlihat terdekat dengan matahari, penyimpangannya kira-kira 1,75 detik busur.

Karena Einstein mempertaruhkan seluruh kerangka teori relativitas umum, para cendekiawan di seluruh dunia menanti hasilnya ketika sebuah tim ilmuwan Inggris yang dipimpin Sir Arthur Eddington melaksanakan percobaan di daerah khatulistiwa di sebelah Barat Afrika, mencoba membidik gerhana matahari yang terjadi pada tanggal 29 Mei 1919.

Ketika gambar potret dikembangkan dan diperiksa, pembelokan cahaya bintang di medan gravitasi ditemukan kira-kira 1,64 detik busur, yakni angka yang sangat dekat dengan ramalan Einstein (Lincoln Barnett, Universe and Dr.Einstein).

Berdasarkan data dari RAS (Royal Astronomical Society) pembidikan bintang dilakukan di kota Roca Sundy, pulau Principe, pada tanggal 29 Mei 1919 dan hasil perhitungan adalah 1,61 + kurang lebih 0,30, dibulatkan menjadi : 1,62 detik busur.

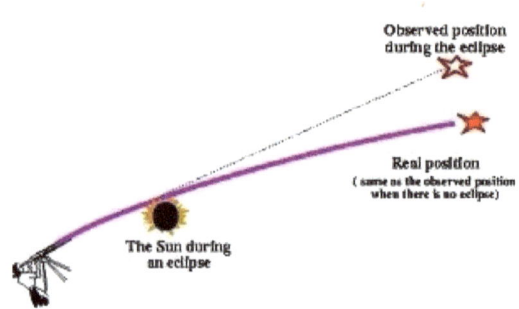

Gambar di atas merupakan ilustrasi untuk menjelaskan pembelokan cahaya dalam medan gravitasi matahari sesuai hasil analisa foto pembuktian Sir Arthur Eddington pada tahun 1919.

Foto bintang yang diambil pada saat gerhana - saat siang hari - dibandingkan dengan foto bintang yang sama pada malam hari di saat yang lain. Berdasarkan data dari Royal Astronomical Society, Eddington membidik kelompok bintang Hyade dari Oxford Inggris waktu malam hari pada bulan Januari dan Februari 1919, setelah

KESALAHAN FATAL TEORI RELATIVITAS EINSTEIN

itu bersama timnya Eddington berangkat menuju pulau Principe di sebelah Barat Afrika, dan membidik Hyade pada saat gerhana matahari tanggal 29 Mei 1919 di kota Roca Sundy.

Pada bulan Mei 1919 itu cuaca di atas Principe kurang menguntungkan karena berawan, demikian juga menjelang saat gerhana. Namun Eddington berhasil memotret gerhana yang berlangsung sekitar 6 menit 30 detik. Ilustrasi gambar di atas memperlihatkan " pembelokan cahaya " yang terjadi.

Beberapa hari setelah tim yang dipimpin oleh Arthur Eddington kembali ke Inggris, hasil pembuktian itu diumumkan ke dunia luar, bahwa teori relativitas umum berhasil dibuktikan dan benar. Sejak saat itu nama Albert Einstein dan teorinya, menjadi terkenal di dunia. Kepopuleran Einstein dan teori relativitasnya berawal dari 'jasa' Arthur Eddinton sebagai pemimpin tim ekspedisi Gerhana Matahari Total tahun 1919.

Masyarakat ilmiah mulai berspekulasi siapa ilmuwan penerima hadiah Nobel, dan dua nama Albert Einstein dan Arthur Eddington termasuk calon yang diunggulkan.

Dan pada tahun 1921 diumumkan Albert Einstein sebagai pemenang Nobel tahun 1921 dalam bidang fisika, namun bukan untuk penemuannya teori relativitas, melainkan penjelasannya terhadap 'Efek Fotolistrik' pada tahun 1905. Efek fotolistrik termasuk teori Kuantum yang diperkenalkan pertama kali oleh Mac Planck pada tahun 1901, di mana Mac Planck semdiri juga telah menerima Nobel atas penemuannya itu.

Cukup mengejutkan dan justru menimbulkan pertanyaan, mengapa Einstein dan Arthur Eddington –yang membuktikan dan mempopulerkan teori relativitas – tidak menerima Nobel?

"The Nobel citation reads that Einstein is honoured for "services to theoretical physics, and especially for his discovery of the law of the photoelectric effect". At first glance, the reference to theoretical physics could have been a back door through which the committee acknowledged relativity. However, there was a caveat stating that the award was presented "without taking into account the value that will be accorded your relativity and gravitation theories after these are confirmed in the future". To many, and to Einstein himself, this felt like a slap in the face. Hadn't Eddington proved the theory? Yes, but the trouble was Eddington's observations had not been perfect and he had discarded data he considered poor from his final analysis." (theguardian.com/science).

Einstein menerima Nobel dengan suatu catatan, bahwa Nobel yang diterimanya tidak memperhitungkan nilai teori relativitas dan teori Gravitasinya jika di kemudian hari telah dikonfirmasi. Dari catatan komite Nobel itu diketahui bahwa komite Nobel pada tahun 1921 tidak menerima – tegasnya : menolak – hasil pengamatan dan perhitungan tim ekspedisi ke benua Afrika yang dipimpin oleh Arthur Eddington. Hal itu bukan tanpa alasan, komite Nobel tahun 1921 menganggap hasil Arthur Eddington tidak sempurna –tegasnya: error – karena ada sebagian data yang sengaja dihilangkan atau diabaikan.

Kutipan artikel yang disampaikan di atas bukan mengada-ada, tetapi berdasarkan fakta yang sebenarnya, bahwa tim ekspedisi gerhana matahari total tahun 1919 di bawah pimpinan Arthur Eddington sebenarnya ada dua tim. Tim-1 dipimpin oleh Arthur Eddington sendiri, melaksanakan pengamatan dari pulau Principle, di bagian Barat benua Afrika. Tim-2 dipimpin oleh Andrew Crommelin, melaksanakan pengamatan dari Sobral, Brazilia. Berdasarkan laporan Arthur Eddington sendiri disampaikan bahwa kondisi cuaca di pulau Principle saat itu tidak begitu baik, karena berawan, namun dia berhasil melakukan pemotretan. Sebaliknya, kondisi cuaca di Sobral sangat bagus, cerah tidak ada awan, sehingga pemotretan berjalan lancer.

Hasil perhitungan tim Arthur Eddinton 1,62 detik busur, hasil ini mendekati prediksi Einstein 1,75 detik busur. Sedangkan hasil perhitungan tim Andrew Crommelin 0,91 detik busur, jauh bedanya dengan prediksi Einstein dalam hipotesisnya. Hasil tim Sobral ini yang dengan sengaja diabaikan atau dihilangkan oleh Arthur Eddington.

Di dalam buku ini kita tidak memperpanjang pembahasan soal hasil perhitungan yang berbeda itu, karena ditemukan bukti yang autentik, tertulis dalam buku cetak, dan buku itu juga masih ada, ditulis oleh seorang mantan editor majalah terkenal di Amerika Serikat, dan ada kata pengantar dari Albert Einstein sendiri.

Siapapun yang membaca 'bukti' itu, tidak perlu seorang sarjana atau professor fisika, namun asalkan pernah belajar ilmu astronomi dan menguasai prinsip-prinsip dasar ilmu perbintangan, dan lebih bagus lagi seseorang yang akrap dengan cara penggunaan sextant – alat untuk mengukur tinggi benda angkasa di langit – dengan mudah mengetahui cara pembuktian hipotesis yang diminta oleh Albert Einstein sesungguhnya tidak ilmiah dan sangat salah (deeply wrong).

4

Bukti Otentik Cara Pembuktian Teori Relativitas Umum Tidak Ilmiah

The standard model does not include an explanation of gravity, which most scientists believe is best described by general relativity theory. This theory claims that gravity is not a force that propagates across space but results from masses distorting the 'fabric of spacetime' in their vicinity in some mysterious way. Since 'curved spacetime' is a geometrical abstraction, relativity theory is merely a mathematical model and does not provide a realistic understanding of gravity.(Artikel: The Farce of Modern Physic-http://davidpratt.info/)

Buku berjudul 'The Universe and Dr.Einstein', karangan Lincoln Barnett, London, 1949, menjelaskan pandangan Albert Einstein tentang alam semesta dan beberapa pendapatnya terhadap ilmuwan sebelumnya yang juga berusaha memecahkan misteri alam semesta. Kata pengantar buku tersebut oleh Albert Einstein sendiri (archive.org).

Buku di atas menjelaskan secara detil pemikiran Albert Einstein yang menjadi dasar teorinya, yaitu teori relativitas khusus (Special Theory of Relativity) dan teori relativitas umum (General Theory of Relativity), dua teori yang dipandang sebagai teori kuat, dan mengubah pandangan kita tentang alam semesta. Dua teori itu memiliki kedudukan istimewa dalam Fisika Modern, karena dipandang sebagai salah satu pilar Model Standar Fisika Modern, satu pilar lainnya ialah teori Kuantum.

Membaca buku itu seakan-akan kita berhadapan dengan Albert Einstein sendiri sedang memberikan kuliah umum yang lengkap mengenai hal-ihwal ide dan gagasannya sampai menghasilkan dua teori itu. Tidak mengherankan, Lincoln Barnett penulis buku itu adalah mantan editor majalah terkenal di Amerika Serikat -'Life Magazine'- yang terbit sejak tahun 1883, termasuk majalah yang sukses selama hampir dua abad, namun sejak 1972 mulai redup dan kepopulerannya berkurang, dan terbit terakhir pada tahun 2007.

Kelihatannya Albert Einstein sangat mempercayai Lincoln Barnett, sehingga di dalam buku itu kita bisa mengetahui faham keagamaan atau kepercayaan yang dia yakini. Albert Einstein bukan seorang atheis, melainkan percaya adanya Tuhan Sang Pencipta, namun dia menolak ide 'Tuhan Personal' – maksudnya Tuhan 'yang memberi hukuman' dan 'memberi ganjaran'- dan percaya adanya Kecerdasan Maha Tinggi (Super Intelligence). Tuhan versi Einstein adalah 'Spinoza's God', yaitu suatu faham kepercayaan atau aliran filsafat pengikut Spinoza. Di kemudian hari faham Spinoza ini menjadi faham Deisme. Singkatnya, faham kepercayaan Einstein adalah Deisme.

Berkaitan dengan teori relativitas umumnya (General Theory of Relativity), di dalam buku karangan Lincoln Barnett tersebut dijelaskan latar belakang yang mendasari teorinya, selain mempelajari dari teori-teori sebelumnya juga hasil pemikiran kreatifnya berupa eksperimen-eksperimen imajiner (Thought Experiments) dan kesimpulan yang menghasilkan Prinsip Kesetaraan, sesuai yang telah dibahas pada topik pembahasan di depan pada buku ini. Dan yang menarik perhatian adalah penjelasannya tentang cara pembuktian hipotesisnya bahwa 'Cahaya dipengaruhi gravitasi' atau lebih dikenal dengan istilah 'Deflection of light by the Sun'. Hal itu tercantum di halaman 78-79 seperti telihat di bawah ini.

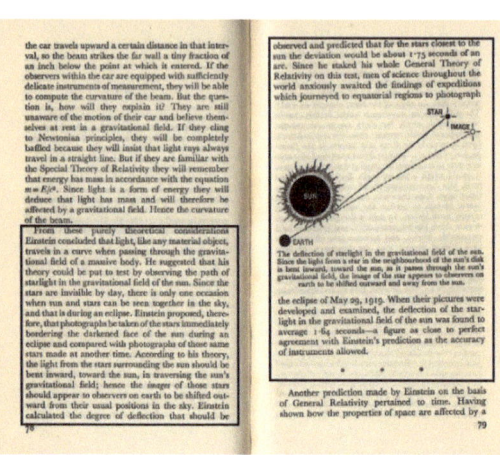

From these purely theoretical considerations Einstein concluded that light, like any material object, travels in a curve when passing through the gravitational field of a massive body. He suggested that his theory could be put to test by observing the path of starlight in the gravitational field of the sun. Since the stars are invisible by day, there is only one occasion when sun and stars can be seen together in the sky, and that is during an eclipse. Einstein proposed, therefore, that photographs be taken of the stars immediately bordering the darkened face of the sun during an eclipse and compared with photographs of those same stars made at another time. According to his theory, the light from the stars surrounding the sun should be bent inward, toward the sun, in traversing the sun's gravitational field; hence the *images* of those stars should appear to observers on earth to be shifted outward from their usual positions in the sky. Einstein calculated the degree of deflection that should be

KESALAHAN FATAL TEORI RELATIVITAS EINSTEIN

"From these purely theoretical considerations Einstein concluded that light, like any material object, travels in a curve when passing through the gravitational field of a massive body. He suggested that his theory could be put to test by observing the path of starlight in **the gravitational field of the Sun.** Since the stars are invisible by day, there is only one occasion when Sun and stars can be seen together in the sky, and that is during an eclipse.

Einstein proposed therefore, that photographs be taken of the stars immediately bordering the darkened face of the sun during an eclipse and compared with photographs of those same stars made at another time. According to his theory, the light from the stars surrounding the Sun should be bent inward, toward the Sun, in traversing the Sun's gravitational field; hence the images of these stars should appear to observer on earth to be shifted outward from their usual positions in the sky.

Einstein calculated the degree of deflection that should be observed and predicted that for the stars closest to the Sun the deviation would be about 1.75 seconds of an arc.Since he staked his whole General Theory of Relativity on this test, men of science throughout the world anxiously awaited the findings of expeditions which journeyed to equatorial regions to photograph the eclipse of May 29, 1919. When their pictures were developed and examined, the deflection of the starlight in the gravitational field of the sun was found to average 1.64 seconds — a figure as close to perfect agreement with Einstein's prediction as the accuracy of instruments allowed."(Universe and Dr.Einstein, page 78).

Cara pembuktian hipotesis sesuai kutipan di atas : " Einstein mengusulkan agar potret bintang yang diambil ketika keadaan gelap selama terjadi gerhana matahari, dibandingkan dengan potret bintang yang sama yang diambil pada waktu yang lain."

Dengan membandingkan potret-potret bintang itu maka bisa diketahui besarnya penyimpangan dari cahaya bintang ketika melewati medan gravitasi matahari, hal ini menurut pendapat Albert Einstein, dan dia sudah memprediksi besarnya penyimpangan cahaya adalah : 1,75 detik busur (seconds of an arc).
Cara pembuktian yang diusulkan oleh Albert Einstein di atas adalah salah, dan sama sekali tidak ilmiah. Di mana letak kesalahan dan bagaimana ketidak-ilmiahannya, dijelaskan dalam uraian berikut ini.

1.Pertama, perlu diketahui bahwa yang dimaksud dengan penyimpangan cahaya bintang adalah besarnya sudut antara Posisi Semu bintang (Apparent Position atau Observed Position) dan Posisi Sejati Bintang (Actual Position atau True Position).

KESALAHAN FATAL TEORI RELATIVITAS EINSTEIN

2. Posisi Semu dan Posisi Sejati sebuah bintang di langit dalam Ilmu Perbintangan/Ilmu Astronomi adalah 3 (tiga) dimensi, yaitu dengan argumen Tinggi bintang, Azimut bintang dan Deklinasi bintang. Hal ini biasa digambarkan dalam suatu Bulatan Angkasa (Celestial Sphere) dengan Sistem Koordinat Horizon atau dengan Sistem Koordinat Ekuator.

3. Di dalam ilmu astronomi, pengamatan suatu bintang atau benda-benda angkasa lainnya (Celestial Bodies: Matahari, Bulan, Bintang, Planet), berlaku pengamatan seketika, maksudnya misalnya pengukuran tinggi bintang di langit, hasil yang didapat adalah hasil pada waktu pengukuran itu yang dinyatakan dalam waktu : jam, menit, detik, dan berlaku pada tempat atau posisi pengamatan yang dinyatakan dalam posisi geografi pengamat: lintang dan bujur pengamat. Pengamatan bintang yang sama tapi dilakukan dalam waktu berbeda, misalnya pengamatan pertama dilakukan jam 19.00 kemudian pengamatan ke dua dilakukan dua jam kemudian jam 21.00, maka hasil pengukuran tinggi bintang akan berbeda. Lebih-lebih lagi jika pengamatan ke dua dilakukan dari posisi pengamat yang berbeda, maka hasilnya akan jauh berbeda, mengingat bahwa bintang-bintang di langit beredar sesuai peredaran hariannya, setiap saat dan setiap detik posisinya di langit selalu berubah.

Dari penjelasan berupa ketentuan atau prinsip-prinsip dasar dalam perhitungan astronomi di atas, dihadapkan dengan usulan Einstein tentang cara pembuktian hipotesisnya, maka diketahui ada beberapa fakta sebagai berikut ini:

1. Semua potret bintang yang diambil waktu gerhana dan pada waktu yang lain, adalah suatu gambar 2 (dua) dimensi. Hasil gambar dua dimensi tidak bisa digunakan untuk perhitungan besarnya sudut penyimpangan.

2. Gambar dua dimensi atau semua potret-potret bintang yang dihasilkan adalah potret-potret bintang dalam kondisi Posisi Semu semuanya. Dari potret-potret itu tidak ada seorangpun bisa mendapatkan sudut penyimpangan, mengingat sudut penyimpangan adalah perbedaan antara Posisi Sejati dengan Posisi Semu, atau perbedaan tinggi bintang antara ke dua posisi itu.

3. Potret bintang diambil ketika keadaan gelap saat terjadi gerhana, dibandingkan dengan potret bintang yang sama pada waktu yang lain. Apa yang disarankan oleh Einstein ini tidak bisa dibenarkan dalam keilmiahan ilmu astronomi sesuai yang telah disampaikan di atas tadi bahwa dalam astronomi berlaku pengamatan seketika.

Dari usulannya itu terlihat jelas Einstein mengabaikan konsep dasar ilmu astronomi, yaitu menyangkut 'Refraksi/Pembiasan Cahaya' dan soal 'Bulatan Angkasa/Celestial Sphere'. Soal Bulatan Angkasa/Celestial Sphere, Einstein mengabaikan bahwa bulatan angkasa itu berlaku

KESALAHAN FATAL TEORI RELATIVITAS EINSTEIN

untuk masing-masing tempat pengamatan, dengan kata lain masing-masing tempat misalnya masing-masing kota mempunyai bulatan angkasa sendiri. Suatu pengamatan bintang yang dilakukan di salah satu kota, tidak bisa dibandingkan dengan pengamatan bintang yang sama, yang dilakukan dari kota lainnya. Terlebih tidak bisa dibandingkan jika waktu pengamatannya berbeda.

Di bawah ini gambar ilustrasi bulatan angkasa dari pengamat yang berada di kota Oxford, Inggris, dan bulatan angkasa dari pengamat yang berada di pulau Principle, di bagian Barat benua Afrika. Dua tempat itu adalah tempat Arthur Eddington melakukan pemotretan bintang pada tahun 1919 dalam rangka membuktikan teori relativitas umum. Terlihat pada gambar ilustrasi tersebut bahwa ke dua bulatan angkasa masing-masing tempat itu berbeda, tinggi kutubnya berbeda sehingga lintasan peredaran harian bintang juga berbeda. Bintang yang diambil potretnya adalah bintang yang sama, misalnya Hyade, tapi lintasan peredarannya berbeda, sehingga tinggi, azimut dan deklinasi bintang juga tidak sama.

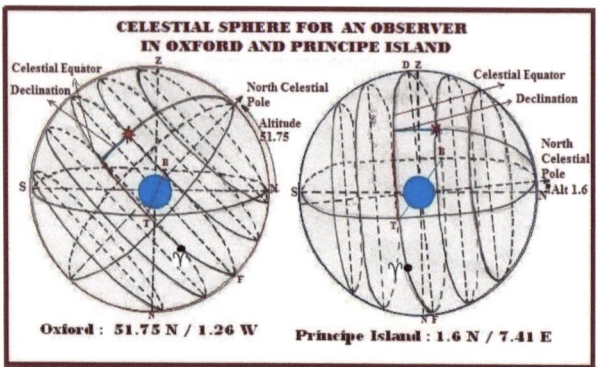

Bulatan angkasa (Celestial sphere) bagi pengamat di kota Oxford berbeda dengan bulatan angkasa bagi pengamat di Pulau Principe. Masing-masing berlaku setempat, dan tidak bisa dibandingkan.

Oleh sebab itu usulan Einstein tentang cara pembuktian hipotesisnya sama sekali tidak ilmiah.

Mengingat hal-hal tersebut di atas sulit dipahami cara yang salah ini diusulkan oleh Albert Einstein, dan dilakukan juga oleh Arthur Eddington dan timnya. Mengapa? Penulis seakan-akan tidak percaya, dan bertanya-tanya dalam hati, apakah metode pembuktian itu dipandang benar pada masa itu, mengingat bahwa Ilmu Astronomi Modern diketahui berkembang pesat setelah tahun 1950-an. Dari beberapa literatur yang penulis ketahui, kelihatannya pada masa itu tidak ada yang mempertanyakan metode pembuktian teori relativitas umum via eclipse/gerhana matahasi. Beberapa literatur ada yang menolak teori relativitas Einstein, namun alasannya berbeda-beda. Kebanyakan mempertanyakan persamaan matematikanya Albert Einstein dikaitkan dengan penggunaan istilah 'space-time', curved space/warped space, dan ada pula yang secara tegas menyatakan pembuktian yang dilakukan oleh Arthur Eddington –eksperimen eclipse di tahun 1919- itu adalah suatu eksperimen yang dilakukan berdasarkan keyakinan. Maksudnya, Arthur Eddington di masa itu menganggap hanya 3 (tiga) yang memahami teorinya Einstein, yaitu Einstein sendiri – dirinya sendiri- dan satu orang lagi tidak disebutkan namanya. Oleh karenanya sebelum berangkat melakukan eksperimen, Arthur Eddington sudah yakin terlebih dulu teorinya Einstein benar. Dan kebetulan Arthur Eddington, seorang yang dikenal anti-perang, berusaha menghindari wajib militer, maka dengan melaksanakan ekspedisi ke pulau Principle, Afrika, dia punya alasan kuat menghindari wajib militer. Oleh karenanya eksperimen eclipse yang dilakukannya 'sekedar rekayasa', karena hasilnya sudah diketahui dan dia hanyalah mencocokkan perhitungannya agar tampak sesuai dan bisa diterima oleh semua pihak. Hal itu pula yang menyebabkan dia mengabaikan hasil perhitungan tim Sobral yang dipimpin oleh Andrew Crommelin.

Berkaitan dengan 'hasil yang sudah diketahui' tersebut, fisikawan Inggis yang terkenal, Stephen Hawking, dalam bukunya 'A Brief History of Time' mengatakan: "It is ionic, therefore, that later examination of the photographs taken on that expedition showed the errors were as great as the effect they were trying to measure. Their measurement had been sheer luck, *or a case of knowing the result they wanted to get, not an uncommon occurrence in science.* "

Hal ini ionik, karena itu, bahwa pemeriksaan selanjutnya dari foto-foto yang diambil pada ekspedisi menunjukkan kesalahan yang sama besar seperti efek yang mereka coba untuk mengukurnya. Apakah pengukuran mereka karena keberuntungan, *atau kasus dari pengukuran yang hasilnya sudah diketahui, bukan kejadian yang jarang dalam ilmu.*

Dan mengapa selama lebih dari 100 tahun mulai tahun 1915 sampai sekarang ini, tidak ada ahli astronomi /astronomer mempertanyakan metode pembuktian Einstein itu? Dari beberapa diskusi dan penelusuran melalui internet, kebanyakan menganggap membandingkan potret-potret dua dimensi itu sudah benar. Mereka kelihatannya tidak akrap dengan cara penggunaan Sextant, alat untuk mengukur tinggi benda angkasa di langit. Dari sini penulis mengambil kesimpulan, mungkin kesimpulan ini juga tidak tepat, bahwa cara pengukuran tinggi benda angkasa menggunakan Sextant memang tidak diajarkan di tempat kuliah/universitas, itu hanya diajarkan di tempat kuliah sekolah-sekolah pelayaran karena termasuk profesi/keahlian.

Oleh sebab itu kebanyakan dari mereka –para astronomer- tidak menyadari atau tidak mengetahui bahwa cara pembuktian hipotesis 'Deflection of light by the Sun' yang diminta

KESALAHAN FATAL TEORI RELATIVITAS EINSTEIN

oleh Albert Einstein: tidak ilmiah dan sangat salah (deeply wrong).

5

Pembelokan Cahaya Disebabkan Refraksi, Bukan Gravitasi

Cahaya, secara alami ada di sekitar kita, baik di waktu siang hari maupun malam hari. Cahaya tersebut dapat berasal dari sumber-sumber alam maupun buatan. Ketika kita melihat suatu benda yang terletak jauh dari tempat kita berdiri, kita berfikir bahwa apa yang kita lihat itu adalah penampakan sebenarnya. Kita sering tidak menyadari, bahwa apa yang kita lihat itu sesungguhnya bukan penampakan sebenarnya dari benda tersebut.

Misalnya, suatu saat kita berada di tepi pantai dan sedang mengagumi keindahan alam pada saat menjelang matahari terbenam. Matahari terlihat bergerak turun perlahan-lahan, dan suatu saat bagian tepi bawah matahari menyentuh tepi langit atau cakrawala. Pemandangan yang sangat indah. Namun kita tidak sadar ketika melihat pemandangan yang indah itu, bahwa matahari yang sebenarnya sudah turun di bawah cakrawala. Jadi apa yang kita lihat itu bukan matahari sebenarnya, melainkan matahari semu, atau matahari pada kondisi posisi semunya (Apparent Position).

KESALAHAN FATAL TEORI RELATIVITAS EINSTEIN

Bahkan, cakrawala atau tepi langit yang kita lihat itupun bukan tepi langit sebenarnya, melainkan tepi langit maya.

Penyebab dari fenomena tersebut adalah karena terjadinya suatu lengkungan sinar yang sampai ke mata kita. Lengkungan sinar yang menyebabkan penampakan matahari semu disebut lengkungan sinar astronomis (astronomical refraction), sedangkan yang menyebabkan penampakan tepi langit maya disebut lengkungan sinar bumiawi (terrestrial refraction). Lengkungan sinar bumiawi ini pula yang menyebabkan terjadinya fenomena fatamorgana (mirages). Dan fatamorgana bukanlah ilusi optik melainkan fenomena fisika yang nyata.

Demikian juga ketika pada malam hari yang cerah kita melihat ke langit, dan mengagumi bintang-bintang yang bertaburan di angkasa. Semua benda-benda angkasa itu bukan dalam kondisi sebenarnya, melainkan adalah pada kondisi posisi semunya, dan penyebabnya adalah astronomical refraction.

Dari penjelasan di atas timbul pertanyaan, apakah kita tidak pernah bisa melihat dengan mata telanjang, sebuah bintang di langit dalam kondisi posisi sejatinya ? Peluang itu ada, walaupun terbatas, dan akan ditemui dalam pembahasan berikut ini.

Refraksi Cahaya

Lengkungan sinar terjadi karena cahaya suatu obyek yang sampai ke mata kita / pengamat, tidaklah dipancarkan berupa garis lurus, melainkan telah disimpangkan oleh media sepanjang lintasannya, termasuk disimpangkan oleh atmosfer bumi. Lengkungan sinar adalah suatu sudut yang terjadi antara arah posisi semu dan arah dari posisi sejati dari obyek tersebut.

Cahaya bintang-bintang di langit yang sampai ke bumi menempuh jarak yang sangat jauh, dan telah melalui bermacam-macam media yang masing-masing berbeda kerapatannya. Para ilmuwan klasik seperti Aristotle, Rene Desscartes, Sir Isaac Newton dan lain-lainnya percaya, bahwa cahaya bintang-bintang yang sampai ke bumi merambat melalui media yang dinamakan luminiferous eather. Namun berbagai percobaan telah dilakukan, antara lain percobaan yang dilakukan oleh ilmuwan Amerika Michelson dan Morrey pada abad-19, dan semua percobaan-percobaan itu tidak berhasil mendeteksi adanya luminiferous aether, sehingga aether dianggap tidak ada. Ada kemungkinan luminiferous aether itu ada tapi tidak bisa dibuktikan.

KESALAHAN FATAL TEORI RELATIVITAS EINSTEIN

Yang jelas, cahaya benda-benda angkasa yang sampai ke bumi telah melalui lapisan-lapisan atmosfer bumi, yang diketahui memiliki kerapatan udara yang berbeda. Di dekat permukaan bumi kerapatan udara lebih pekat dibandingkan dengan kerapatan lapisan udara di atasnya. Dan kerapatan semakin renggang dengan bertambahmya ketinggian

Hukum Snellius tentang refraksi cahaya menyatakan, bahwa jika suatu berkas cahaya melintas dari media yang satu ke media lainnya yang berbeda kerapatan (density), maka berkas cahaya itu akan dibiaskan. Besarnya sudut bias tergantung dari kerapatan medianya. Sebagai contoh, suatu berkas cahaya yang dilewatkan ke air, maka berkas cahaya itu akan dibiaskan mendekati normal. Pada gambar di bawah digambarkan garis normal adalah N – N'.

Cahaya melintas dari A ke B, dan lintasan cahaya membentuk sudut ABN. Sudut ABN disebut sudut datang (angle of incidence). Di dalam air, arah lintasan cahaya dibiaskan mendekati garis normal, yaitu arah BC, dan membentuk sudut CBN'. Sudut CBN' disebut sudut bias (angle of refraction). Dan sinus sudut datang dan sinus sudut bias mempunyai perbandingan yang tetap. Perbandingan tersebut disebut indek bias (index of refraction).

Berkas cahaya tidak dibiaskan jika lintasannya searah dengan normal. Hal ini menjawab pertanyaan di atas tadi, suatu peluang dan satu-satunya kesempatan untuk melihat bintang di posisi sejatinya, yaitu ketika bintang tersebut berada tepat lurus di atas kepala kita selaku penilik, atau tepat di titik Zenith.

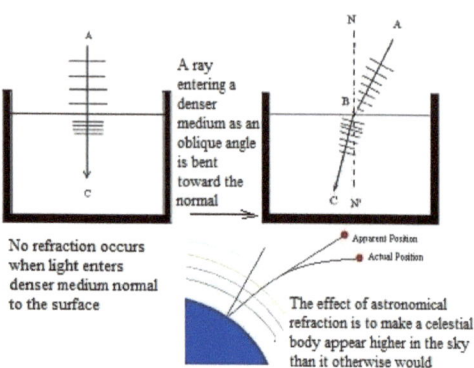

Pada gambar di atas , perbedaan kerapatan udara dengan kerapatan air cukup besar atau mendadak, oleh sebab itu lintasan cahaya di udara dan di dalam air terlihat seperti garis yang patah. Berbeda dengan lintasan cahaya di atmosfer bumi. Kerapatan udara lapisan-lapisan atmosfer bumi berubah secara gradual dan teratur, hal ini yang menyebabkan pembiasan cahaya berbentuk suatu lengkungan. Dan akibat dari lengkungan itu maka posisi semu bintang akan selalu tampak lebih tinggi dari posisi sebenarnya.

KESALAHAN FATAL TEORI RELATIVITAS EINSTEIN

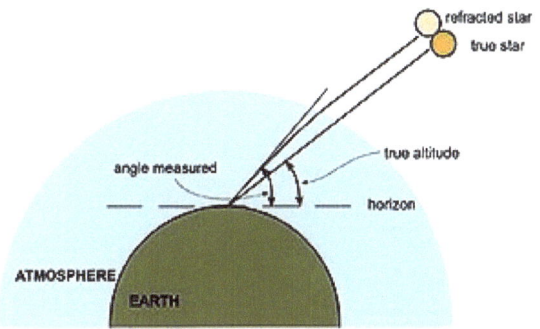

Cahaya bintang membelok disebabkan oleh adanya lengkungan sinar / refraksi cahaya, posisi semu sebuah bintang akan selalu terlihat lebih tinggi dari posisi sejatinya.

Adanya lengkungan sinar atau atau refraksi cahaya di dalam ilmu astronomi sepertinya diabaikan oleh Einstein, sehingga muncul gagasannya bahwa cahaya disimpangkan atau membelok ketika melewati medan gravitasi benda massif.

Dan kita ketahui, bahwa gagasannya itu bermula dari eksperimen imajiner pula seperti yang sudah dibahas bab 2 di depan. Eksperimen imajiner Einstein berkaitan dengan hal ini adalah sebagai berikut:

Seperti sebelumnya, sebuah elevator yang bergerak naik dengan percepatan tetap melalui ruang hampa, jauh dari medan gravitasi manapun. Kali ini, penembak kelana antariksa menembakkan sebuah peluru pada elevator itu. Peluru itu menghujam pada sisi elevator, menembus dan muncul dari dinding elevator di hadapannya pada suatu titik sedikit di bawah titik tembus pertamanya. Dan alasannya jelas bagi pengamat dari luar bahwa peluru itu melesat dalam garis lurus menurut hukum kelembaman Newton. Namun ketika peluru menempuh jarak antara dua dinding di dalam elevator, elevator sudah menempuh jarak tertentu ke atas, menyebabkan lubang peluru pada dinding ke dua menjadi sedikit lebih dekat ke lantai. Dan bagi pengamat yang berada di dalam elevator, mereka akan menyimpulkan bahwa mereka berada dalam suatu medan gravitasi, dan peluru yang melalui elevator tampak lengkung murni terhadap lantai.

Sesaat kemudian ketika elevator terus naik ke atas, seberkas cahaya tiba-tiba dipancarkan melalui celah pada sisinya. Karena kecepatan cahaya amat besar, berkas cahaya melewati jarak antara titik masuk dan dinding yang berhadapan dalam sepersekian detik. Walaupun elevator bergerak naik ke atas dalam interval dengan jarak tertentu, berkas cahaya yang menumbuk dinding di hadapannya seper-inci di bawah titik yang dimasukinya. Bila pengamat di dalam elevator diperlengkapi dengan alat pengukuran yang diharapkan, mereka akan dapat menghitung lengkung berkas sinar. Jika menggunakan hukum Newton mereka akan bingung, karena menurut Newton cahaya melintas dalam garis lurus. Namun jika menggunakan relativitas khusus mereka akan mengerti bahwa energi memiliki massa menurut persamaan $E = mc^2$. Jadi, cahaya adalah bentuk energi dan akan dipengaruhi oleh medan

KESALAHAN FATAL TEORI RELATIVITAS EINSTEIN

gravitasi. Karena itulah berkas cahaya tersebut melengkung.

Dari eksperimen imajiner tersebut Einstein menyimpulkan bahwa cahaya seperti juga benda materi, bergerak melengkung bila melalui medan gravitasi dari suatu benda masif.

Eksperimen imajiner yang diperagakan Einstein di atas, memberi kesan apa yang dikemukakan itu sebagai suatu kebenaran. Namun apakah hal itu benar sesuai kenyataan, bahwa peluru dan berkas cahaya akan tampak melengkung bagi pengamat di dalam elevator? Jawabannya, sama sekali tidak benar. *Peluru dan berkas cahaya tampak melengkung berarti orang yang berada di dalam elevator mengetahui dari arah mana peluru dan berkas cahaya itu ditembakkan.* Padahal sebelumnya dinyatakan pengamat di dalam elevator tidak tahu mereka sedang berada di dalam elevator yang bergerak naik. Dengan demikian terlihat bahwa pencipta eksperimen imajiner berusaha menggiring orang lain ke arah kesimpulan yang ia inginkan.

Sebagai buktinya, kita juga bisa menggunakan pentas imajiner tesebut untuk menjelaskan berlakunya hukum Newton. Caranya sederhana, kita sampaikan bahwa para ahli fisika yang berada di dalam elevator itu tidak semata-mata berpikir berkaitan dengan gravitasi.

Pengamat di luar elevator melihat dengan jelas - karena tahu elevator itu sedang bergerak naik dengan percepatan tetap - bahwa peluru yang ditembakkan bergerak lurus, dan peluru itu mengenai dinding satunya pada suatu titik yang lebih dekat ke lantai. Sebaliknya pengamat yang berada di dalam elevator, yang tidak menyadari bahwa elevator sedang bergerak naik dengan percepatan tetap, dan tidak mengetahui peluru ditembakkan dari mana, - bisa juga mengabaikan adanya gravitasi - tapi melihat ada peluru menembus dinding satu ke dinding lainnya. Peluru tersebut bergerak lurus juga, namun membentuk sudut yang kecil dengan bidang atas elevator, sehingga mengenai dinding elevator sedikit di bawah titik perkenaan dinding sebelumnya. Lalu pengamat menduga peluru ditembakkan dari arah agak ke atas dari elevator.

Demikian juga ketika berkas cahaya ditembakkan, ketika melihat perkenaan cahaya ada sedikit perbedaan atau membentuk sudut yang sangat kecil dengan bidang atas elevator, pengamat di dalam elevator tidak perlu berpikir bahwa terjadinya sudut yang kecil itu adalah karena pengaruh gravitasi, namun adalah hal yang biasa bahwa cahaya bergerak dalam lintasan yang lurus, dan dalam contoh pentas imajiner di atas cahaya melintas dari atas menuju ke arah agak ke bawah.

Dengan demikian pentas imajiner tersebut bisa juga digunakan untuk menjelaskan berlakunya Hukum Newton jika hal itu yang kita inginkan.

Dan sesuai yang telah dijelaskan di

depan, bahwa eksperimen imajiner cenderung menyesatkan. Dan suatu prinsip yang diambil dari eksperimen imajiner itu tidak bisa dibenarkan secara ilmiah, demikian pula yang terjadi jika dipakai dasar dari suatu hipotesis, akan menghasilkan kekeliruan dan inkosistensi. Misalnya yang dijelaskan dengan gambar di bawah ini, bisa menimbulkan semacam dalil atau postulat baru di astronomi: yaitu *'bahwa semua bintang yang tampak di langit pada malam hari adalah penampakan posisi sejati bintang'*

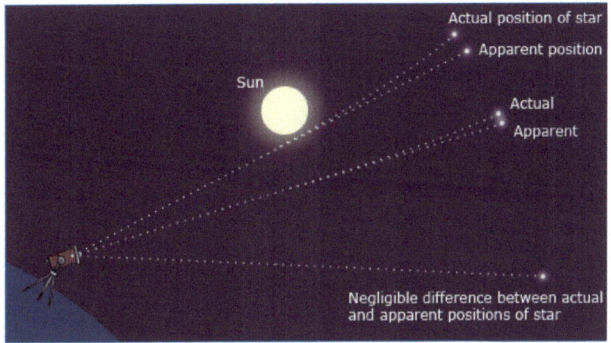

If Einstein's theory of relativity was correct, then the light from stars that passed closest to the sun would show the greatest degree of "bending." (undsci.berkeley.edu)

Adapun argumentasinya:

Jika teori relativitas umum benar, maka

penyimpangan lintasan cahaya bintang terdekat dengan matahari akan membentuk sudut terbesar, semakin jauh lintasannya sudutnya semakin kecil dan lintasan yang jauh tidak disimpangkan. Bintang yang cahayanya tidak disimpangkan berarti tidak ada perbedaan antara posisi semu dan posisi sejati bintang.

Jika konsisten dengan teori ini, maka berarti semua bintang-bintang yang tampak pada malam hari adalah pada kondisi penampakan posisi sejatinya, karena bintang-bintang itu tidak melewati medan gravitasi.

Hal ini tentunya tidak benar dipandang dari keilmiahan astronomi, karena semua bintang dan benda angkasa lainnya yang tampak pada malam hari adalah penampakan posisi semunya.

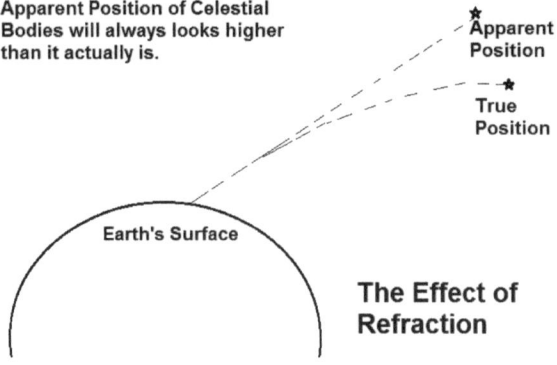

Pembelokan cahaya disebabkan oleh Refraksi, bukan oleh gravitasi

6.

Tentang Bulatan Angkasa

Pada tulisan lalu telah dijelaskan tentang bulatan angkasa (Celestial Sphere) secara selintas. Masing-masing tempat, masing-masing titik di permukaan bumi di mana pengamat melakukan pengamatan benda-benda angkasa, memiliki bulatan angkasa sendiri. Bulatan angkasa di salah satu tempat pengamatan memiliki argumen-argumen sendiri, berbeda dengan tempat pengamatan lainnya. Dan argumen-argumen di masing-masing tempat itupun setiap saat selalu berubah.

Persoalan yang krusial dari pembuktian teori relativitas umum sesuai yang diminta oleh Einstein, dan kemudian dilaksanakan oleh Arthur Eddington dan timnya, ialah soal tempat pengamatan yang berbeda, yaitu Oxford dan Roca Sundy/P.Principe, demikian pula waktu pengamatannya. Celestial sphere bagi pengamat di kota Oxford berbeda dengan bulatan angkasa bagi pengamat di Pulau Principe. Masing-masing berlaku setempat, dan tidak bisa dibandingkan.

Pada bagian ini disampaikan pembahasan lebih lanjut tentang bulatan angkasa, dimaksudkan agar lebih memahami hal-hal tentang bulatan angkasa.

GATOT SOEDARTO

Space and time

Pada waktu malam hari dalam kondisi cuaca yang baik dan kita melihat ke langit, maka kita akan melihat bintang-bintang bertaburan di langit. Bila kita mencoba menghitung jumlah bintang-bintang yang bertaburan itu, niscaya kita akan kebingungan sendiri, karena semakin diperhatikan dengan seksama, maka semakin bertambah lagi bintang-bintang yang tampak. Tidak ada manusia yang mampu menghitung jumlah benda-benda angkasa itu. Tidak ada kata-kata yang tepat untuk menggambarkan jumlah bintang yang bertaburan di langit selain kata-kata ' bermilyar-milyar bintang ada di sana '.

Penampakan bintang-bintang di langit pada waktu malam hari memberi suatu gambaran, bahwa semua bintang-bintang itu berada pada suatu permukaan dari ruang maha luas berbentuk lingkaran bulat sempurna. Dalam astronomi, lingkaran bulat sempurna itu disebut ' Bulatan Angkasa ' (Celestial Sphere). Bulatan angkasa pada dasarnya gambar model Space and Time. Dan kita selaku penilik berada di pusat bulatan angkasa tersebut.

Di mana saja seorang penilik berada, akan mendapatkan kesan yang sama tentang adanya bulatan angkasa itu. Bila seseorang mencoba membayangkan berapa besar jari-jari bulatan angkasa tersebut, maka akan sulit sekali menentukannya karena semua benda-benda angkasa itu seolah-olah berada pada permukaan bulatan yang sama, padahal antara bintang yang satu dengan bintang lainnya terpaut jarak yang juga sulit untuk menghitungnya.

Ukuran jari-jari bulatan angkasa tidak bisa dibayangkan besarnya, dan kemudian dibandingkan dengan ukuran-ukuran yang ada di bumi, menyebabkan seolah-olah ukuran-ukuran yang ada di bumi menjadi tidak ada artinya. Bumi hanyalah satu titik, dan menjadi Titik Pusat dari bulatan angkasa tersebut. Di kawasan manapun di bumi ini seorang pengamat/penilik berada, dia menjadi titik pusat dari bulatan angkasa.

Dan untuk menentukan tempat kedudukan dari suatu titik di bulatan angkasa, maka pertama kali dibayangkan adanya suatu bidang mendatar yang melalui mata si penilik. Bidang imajinasi yang melalui mata penilik merupakan suatu bidang istimewa di bumi, karena bidang khayal ini sejajar dengan permukaan benda cair yang dalam keadaan berhenti. Bidang ini dalam astronomi dinamakan Muka Cakrawala.

Suatu garis-tinggi dari muka cakrawala yang searah dengan unting-unting, yaitu arah yang dihitung dari titik pusat bumi - lurus ke kaki dan kepala penilik - disebut Normal dari tempat penilikan. Garis Normal penilikan ini memotong bulatan angkasa pada dua titik. Titik atas dari bulatan angkasa disebut Titik Puncak atau Zenit, sedangkan titik di bagian bawah bulatan angkasa disebut Titik Bawah atau Nadir. Lihat gambar di bawah ini.

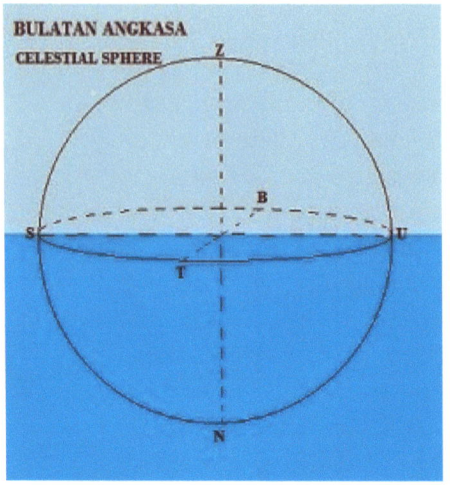

Pada gambar di atas, Z adalah Zenit dan N adalah Nadir, garis ZN adalah Normal penilik. Bidang yang melalui titik pusat bulatan angkasa dan tegak lurus garis Normal adalah Muka Cakrawala (bidang S-T-U-B).

Muka Cakrawala memotong bulatan angkasa berupa Lingkaran Besar, yang disebut Cakrawala. Sedangkan suatu Lingkaran Besar yang tegak lurus kepada Cakrawala dan melalui titik Utara dan titik Selatan, disebut Derajah Angkasa atau Derajah Penilik. Titik Barat (B) dan Titik Timur (T) didapat dengan cara menarik garis melalui titik pusat bulatan angkasa, dan tegak lurus arah Utara - Selatan. Bila kita menghadap ke arah Utara, maka Titik Timur berada di sebelah Kanan kita, dan Titik Barat berada di sebelah Kiri kita.

Tinggi dan Asumut Benda Angkasa

Ketika kita melihat sebuah bintang di langit, maka kita dapat menentukan posisinya pada suatu saat yang tertentu terhadap bidangi-bidang, sudut-sudut atau busur-busur, dan garis-garis yang terdapat di bulatan angkasa. Sudut-sudut dan garis-garis itu merupakan koordinat-koordinat dari benda angkasa.

Pada gambar di bawah ini, Z = Zenit, N = Nadir, U = Utara, S = Selatan, Lingkaran Z-S-N-U = Derajah Angkasa, dan Bt = sebuah bintang/benda angkasa.

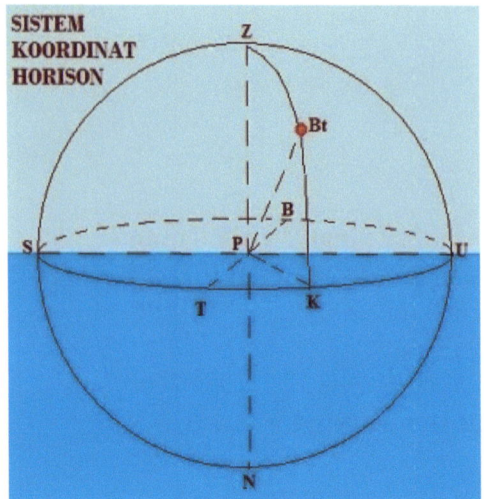

Sistem Koordinat Horison

Pada gambar, Z-P-K-Bt adalah muka-tegak dari bintang dan memotong bulatan angkasa menurut sebuah lingkaran besar yang dinamakan Lingkaran Tegak dari benda angkasa / Bintang Bt.

Arah P-Bt ditentukan oleh besarnya sudut KPBt, yaitu sudut yang dibentuk oleh arah di mana benda angkasa itu berada dengan muka cakrawala. Sudut ini dinamakan Tinggi dari benda angkasa Bt. Dengan demikian yang dimaksud dengan Tinggi Bintang atau Tinggi Benda Angkasa, ialah sebagian busur dari lingkaran tegak yang dihitung dari cakrawala sampai ke bintang tersebut (Busur K-Bt).

Kita juga dapat menentukan arah benda angkasa Bt dengan melihat sudut yang dibentuknya dengan Normal. Sudut ini, yaitu sudut ZPBt, tidak lain adalah komplemen dati tinggi bintang, dan disebut Jarak Puncak benda angkasa Bt. Jarak Puncak suatu benda angkasa adalah sebagian busur dari lingkaran tegak, yang dihitung dari Zenit ke bintang tersebut (Bususr ZBt).

Posisi suatu bintang tidak hanya ditentukan oleh tingginya saja, melainkan juga ditentukan oleh Asumutnya. Asumut suatu benda angkasa pada dasarnya adalah sebagian busur dari cakrawala, dihitung mulai dari titik Utara atau titik Selatan sampai ke titik duduk dari lingkaran tegak benda angkasa tersebut. Pada gambar di atas, asumut benda angkasa Bt adalah busur U - K atau sudut UPK.

Asumut benda angkasa dihitung dari titik Utara atau titik Selatan, ke arah Timur atau Barat. Misalnya asumut U 60 derajat T, berarti asumut dihitung dari titik Utara ke arah Timur 60 derajat. Asumut S 45 derajat B, berarti asumut dihitung dari titik Selatan ke arah Barat 45 derajat.

Koordinat tinggi dan asumut bintang yang

digambarkan berupa sudut atau sebagian busur lingkaran, dengan patokan berupa lingkaran tegak, titik-titik Zenith, Nadir, S,T,U,B pada bulatan angkasa (celestial sphere), dinamakan Sistem Koordinat Horizon (Horizontal Coordinate System).

Beberapa definisi dalam Sistem Koordinat Horison:

- **Tinggi Bintang (Altitude)** : ialah sudut antara garis dari arah bintang dengan muka cakrawala (ekuator bumi). Atau, sebagian busur dari lingkaran tegak yang melalui pusat benda angkasa, dihitung dari muka cakrawala sampai ke benda angkasa tersebut.

- **Jarak Puncak** dari sebuah benda angkasa, ialah sudut antara garis arah benda angkasa dengan garis normal penilik. Atau, sebagian busur dari lingkaran tegak yang melalui pusat benda angkasa, dihitung dari Zenith sampai ke benda angkasa tersebut.

- **Asumut Bintang** : ialah sudut antara muka derajah angkasa dengan muka tegak dari benda angkasa tersebut. Atau, sebagian busur dari cakrawala (ekuator bumi), dihitung dari titik Utara atau Selatan sampai ke titik duduk dari lingkaran tegak yang melalui pusat benda angkasa tersebut.

Asumut dan tinggi suatu benda angkasa berubah setiap saat disebabkan karena gerakan sehari-hari dari benda angkasa tersebut. Oleh sebab itu cara penulisan asumut dan tinggi bintang / benda angkasa haruslah disertakan pula pada saat mana penilikannya dilakukan (menyebutkan jam, menit, dan detiknya), dan lokasi penilikan (menyebutkan lintang dan bujur tempat penilikan), serta ketinggian penilik diperhitungkan dari permukaan laut.

Sebab suatu penilikan sebuah bintang yang dilakukan oleh dua orang pada saat yang sama, tempat penilikan berbeda, hasilnya juga berbeda. Penilikan sebuah bintang oleh dua orang pada saat yang sama, tempat penilikan juga sama, tetapi ketinggian pengamat berbeda, hasilnya juga berbeda. Perbedaan tersebut disebabkan karena adanya faktor ' lengkungan sinar astronomis ' atau ' astronomical refraction '. Astronomical refraction terjadi dan berlaku sesuai Hukum Snellius atau Snell's Law.

Gerakan Angkasa

Ketika pada waktu malam hari yang cerah kita

memandang ke langit dan mengamati bintang-bintang yang bertaburan di angkasa, kita akan mengetahui bahwa bintang-bintang itu tidak diam pada tempatnya, melainkan bergerak. Demikian pula ketika mengamati keindahan bulan di saat purnama, bulan purnama itu juga bergerak. Suatu saat cobalah amati rasi-rasi bintang yang anda kenal, yang sering tampak dilihat dari rumah tempat tinggal anda, ketika malam hari cerah. Rasi-rasi bintang itu juga bergerak, misalnya semula tampak lebih tinggi lalu beberapa saat kemudian tampak lebih rendah, atau sebaliknya. Namun anehnya, jarak antara bintang yang satu dengan bintang lainnya tidak berubah !

Misalnya, kita mengamati Rasi Bintang Beruang Besar (Ursa Mayor) atau Rasi Bintang Pari (Crux). Kedudukan bintang-bintang di dalam gugusan bintang itu tdak berubah. Mengapa demikian ? Sebabnya ialah, bahwa sebetulnya yang bergerak bukan bintang-bintang itu, melainkan bumi. Bumi yang bergerak, selain gerakan mengelilingi matahari bumi kita juga berputar pada porosnya atau berotasi. Jadi gerakan bulan dan bintang-bintang di langit adalah gerakan maya. Gerakan maya benda-benda angkasa itu menyebabkan setiap saat kedudukannya berubah terhadap penilik yang berada di bumi.

KESALAHAN FATAL TEORI RELATIVITAS EINSTEIN

Akibat dari rotasi bumi pada porosnya - garis imajiner antara Kutub Utara dan Kutub Selatan - menyebabkan gerakan maya dari bintang-bintang di langit juga memiliki poros imajiner, di mana titik-titik ujung poros di bulatan angkasa dinamakan Kutub Utara Angkasa (North Celestial Pole -NCP) dan Kutub Selatan Angkasa (South Celestial Pole - SCP).

Pada gambar di bawah ini poros angkasa ditunjukkan dengan garis SCP-P-NCP. Sudut NCP-P-U atau busur NCP-U disebut Tinggi Kutup. Lingkaran besar T-F-B-D yang bidangnya tegak lurus terhadap poros angkasa disebut Ekuator Angkasa (Celestial Equator).

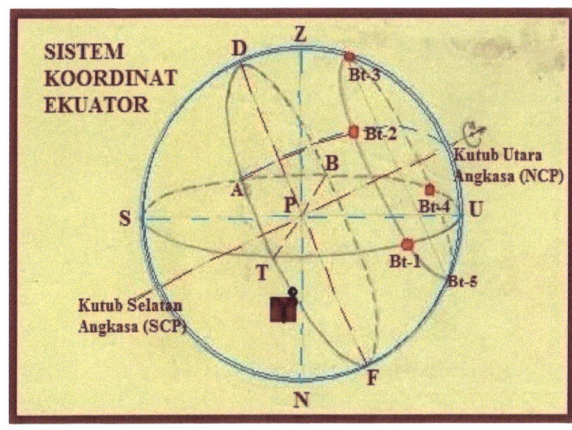

Sistem Koordinat Ekuator

Bidang dari ekuator angkasa membagi bulatan angkasa menjadi dua bagian, yaitu setengah bulatan lintang Utara angkasa dan setengah bulatan lintang Selatan angkasa. Contoh pada gambar, penilik berada di lintang Utara, dan busur D-Z adalah Lintang Angkasa (Sky Latitude atau Celestial Latitude) dari penilik / obserber, besarnya sama dengan lintang geografi penilik. Dan mengingat bidang ekuator angkasa tegak lurus terhadap poros angkasa, dan poros angkasa membentuk sudut / memiliki tinggi kutub NCP-U terhadap muka cakrawala, maka besarnya busur D-Z = busur NCP-U. Oleh karenanya :

Lintang Angkasa penilik = Lintang geografi penilik
= Tinggi Kutub (U / S)

SCP-NCP adalah poros angkasa, semua benda-benda angkasa beredar dengan poros tersebut. Dan arah peredaran bintang adalah dari Timur ke Barat Lintasan peredaran harian benda-benda angkasa berupa lingkaran-lingkaran yang sejajar dengan ekuator angkasa. Sedangkan lintasan peredaran matahari membuat sudut 23,5 derajat terhadap ekuator angkasa, dan disebut *Ekliptika*. Titik Aries (♈) adalah salah satu titik perpotongan ekliptika dengan ekuator angkasa.

Pada gambar terlihat lintasan peredaran bintang Bt. Posisi bintang di Bt-1 .menunjukkan bintang tersebut mulai terbit, oleh karenanya titik Bt-1 dinamakan Titik Terbit untuk bintang Bt. Sedangkan titik Bt-3 adalah Titik Rembang Atas, Titik Bt-4 adalah Titik Terbenam, dan Titik Bt-5 adalah . Titik Rembang Bawah untuk bintang Bt.

Waktu yang ditempuh bagi sebuah bintang satu kali peredarannya - dari titik rembangan atas / rembang bawah kembali ke titik itu lagi - disebut *Hari Bintang*, dan dibagi dalam 24 jam bintang.

Waktu yang kita gunakan sehari-hari juga diukur melalui perembangan matahari, dan disebut *Hari Matahari*. Lamanya satu hari matahari diambil nilai rata-rata dari perembangannya, yaitu : *23 jam 56 menit 04 detik*

Image from commonswikipedia

Cara menentukan koordinat sebuah bintang dalam sistem koordinat ekuator mirip dengan Tata Koordinat Bumi berupa Lintang dan Bujur yang diperhitungkan dari lingkaran ekuator bumi atau khatulistiwa. Dalam sistem koordinat ekuator istilah Lintang Angkasa (Celestial Latitude) dan Bujur Angkasa (Celestial Longitude) tidak digunakan, diganti dengan Deklinasi (Declination) dan Rambat Lurus (Ascentio Recta atau Right Ascension: RA).

Deklinasi sebuah bintang : adalah sebagian busur lingkaran besar yang melalui Kutub Angkasa dan bintang, dihitung mulai dari ekuator angkasa sampai ke bintang tersebut. Pada gambar di atas, deklinasi bintang Bt-2 adalah busur A-Bt-2. Deklinasi bintang dihitung dari ekuator angkasa ke arah Utara atau Selatan, dari 0 derajat (Ekuator Angkasa) - 90 derajat (Kutub Angkasa). Untuk deklinasi Utara diberi tanda: +, dan untuk deklinasi Selatan tanda: -.

Right Ascension sebuah bintang : adalah sebagian busur dari ekuator angkasa yang dihitung mulai dari Titik Aries ke arah Timur (kebalikan dari arah peredaran bintang), sampai ke titik duduk bintang di ekuator angkasa. Pada gambar di atas, RA dari bintang Bt-2 adalah busur ♈ - F-B-D-A, diperhitungkan dalam ukuran jam, menit, dan detik.

Dengan menggunakan data lintang dan bujur pengamat di suatu tempat, kita dapat menggambarkan bulatan angkasa / celestial sphere pengamat / observer, lingkaran peredaran bintang-bintangnya, dan juga posisi bintangnya jika deklinasi dan RA-nya sudah diketahui. Di bawah ini contoh celestial sphere untuk kota Seatle:

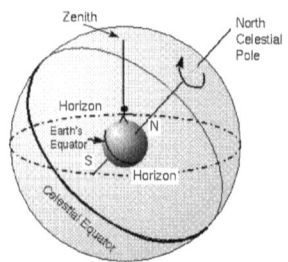

The celestial sphere for an observer in Seatle.
The angle between the zenith and the NCP = the
angle between the celestial equator and the horizon.
That angle = 90° − observer's latitude.

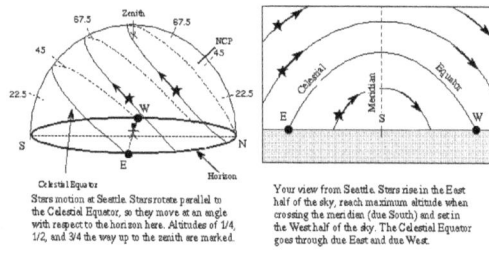

Stars motion at Seattle. Stars rotate parallel to the Celestial Equator, so they move at an angle with respect to the horizon here. Altitudes of 1/4, 1/2, and 3/4 the way up to the zenith are marked.

Your view from Seattle. Stars rise in the East half of the sky, reach maximum altitude when crossing the meridian (due South) and set in the West half of the sky. The Celestial Equator goes through due East and due West.

abyss.uoregon.edu

The Celestial Sphere for an Observer in Seatle

Of course, since the Earth rotates, your coordinates will change after a few minutes.

Celestial Sphere untuk observer di satu kota hanya berlaku untuk kota tersebut, sedangkan koordinat bintang yang diamati juga hanya berlaku pada waktu pengamatan itu dilakukan.

Di bawah ini penggambaran bulatan angkasa untuk kota Mountain View dan Los Angeles. Mountain View terletak pada posisi geografi :

37.39 N / 122.08 W, sehingga Tinggi Kutub Angkasa (NCP) : 37.39 dihitung dari Titik Utara. Sedangkan posisi geografi Los Angeles : 34.05 N / 118.24 W, tinggi NCP-nya : 34.05 dari Titik Utara.

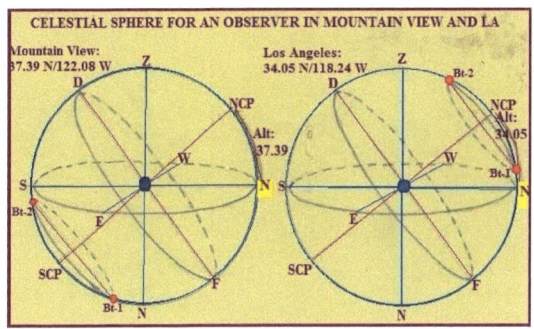

Di bulatan angkasa untuk pengamat yang berada di Mountain View terlihat peredaran bintang Bt melalui lingkaran Bt-1 - SCP - Bt-2. Lingkaran peredaran ini terletak di bawah ekuator bumi, sehingga Titik Rembang Atas (Bt-2) dan Titik Rembang Bawah (Bt-1) selalu berada di bawah ekuator. Berarti bintang Bt tidak bisa diamati dari Mountain View. Bintang-bintang yang lingkaran peredarannya terletak di bawah ekuator disebut : Bertitik Batas Di Bawah Ekuator.

Sebaliknya pada bulatan angkasa untuk pengamat yang berada di Los Angeles terlihat lingkaran peredaran bintang Bt di atas ekuator. Berarti bintang Bt tersebut selalu tampak dilihat dari kota Los Angeles. Bintang-bintang yang lingkaran peredarannya terletak di atas ekuator disebut : Bertitik Batas Di Atas Ekuator.

7

Bukti Kecepatan Cahaya Tidak Konstan

Wahyu hukum universal

Dalam teori relativitas khusus yang diumumkan pada tahun 1905, Einstein menetapkan dua hipotesis, pertama bahwa 'kecepatan cahaya adalah konstan', maksudnya cahaya selalu bergerak pada kecepatan yang sama, dan kecepatannya tidak terpengaruh oleh gerak objek lainnya. Hipotesis yang pertama ini disebutnya sebagai 'wahyu hukum universal'. Kedua, hipotesis bahwa 'kecepatan cahaya tertinggi di alam semesta'. Maksudnya, tidak ada sesuatu yang kecepatannya melebihi kecepatan cahaya.

Dua hipotesis Einstein tersebut terbukti tidak benar, dan agak menyesatkan.

"Nothing can travel faster than the speed of light."

"Light always travels at the same speed."

Have you heard these statements before? They are often quoted as results of Einstein's theory of relativity. Unfortunately, these statements are somewhat misleading.(www.rpi.edu) .

Hipotesis Einstein yang disebutnya sebagai wahyu hukum universal dijelaskan dalam buku Universe and Dr.Einstein, halaman 38.

> thought. He began by rejecting the ether theory and with it the whole idea of space as a fixed system or framework, absolutely at rest, within which it is possible to distinguish absolute from relative motion. The one indisputable fact established by the Michelson-Morley experiment was that the velocity of light is unaffected by the motion of the earth. Einstein seized on this as a revelation of universal law. If the velocity of light is constant regardless of the earth's motion, he reasoned, it must be constant regardless of the motion of any sun, moon, star, meteor, or other system moving anywhere in the universe. From this he drew a broader generalization, and asserted that the laws of nature are the same for all uniformly moving systems. This simple statement is the essence of Einstein's Special Theory of Relativity. It incorporates the Galilean Relativity

"He began by rejecting the ether theory and with it the whole idea of space as a fixed system or framework, absolutely at rest, within which it is possible to distinguish absolute from relative motion. The one indisputable fact established by the Michelson-Morley experiment was that the velocity of light in unaffected by the motion of the earth. Einstein seized on this as a revelation of universal law. If the velocity of light is constant regardless of the earth's motion, he

KESALAHAN FATAL TEORI RELATIVITAS EINSTEIN

reasoned, it must be constant regardless of motion of any Sun, moon, star, meteor, or other syatem moving anywhere in universe. From this he drew a broader generalization, and asserted that the laws of nature are the same for alls uniformly moving system. This simple statement is the essence of Einstein's Special theory of Relativity."(Universe and Dr.Einstein,Lincoln Barnett,London,1949, preface by Albert Einstein himself, page 38).

Sebagaimana telah dibahas di bab 1, teori relativitas khusus bertabrakan dengan teori gravitasinya Newton. Relativitas khusus mengklaim bahwa kecepatan cahaya tertinggi, namun fakta menunjukkan bahwa kecepatan gravitasi adalah seketika-gravity instantaneous-hal ini dapat diamati pada peristiwa terjadinya pasan-surut disebabkan gaya tarik gravitasi bulan.

Dan kelihatannya bukan hanya di teori relativitas umum, dalam teori relativitas khusus Einstein juga mengabaikan refraksi cahaya, bahwa cahaya akan dibiaskan ketika melewati media yang berbeda kerapatannya. Kecepatan cahaya berkurang ketika cahaya melewati atmosfer bumi. Lapisan atmosfer bumi berlapis-lapis dari layer paling atas ionosfer ke layer paling bawah troposfer kerapatannya semakin rapat, sehingga lintasan cahaya melengkung. Sebagai contoh Matahari yang sering kita lihat sehari-hari, cahayanya sampai ke bumi kemudian ke mata kita setelah perjalanan melewati atmosfer bumi. Karena adanya 'astronomical refraction' dan 'terrestrial refraction' maka lintasan cahaya matahari dibengkokkan atau melengkung. Matahari yang kita lihat adalah posisi di A', dan itu bukan posisi matahari sebenarnya, melainkan posisi semu atau apparent position. Sedangkan posisi sejati atau actual position matahari adalah A.

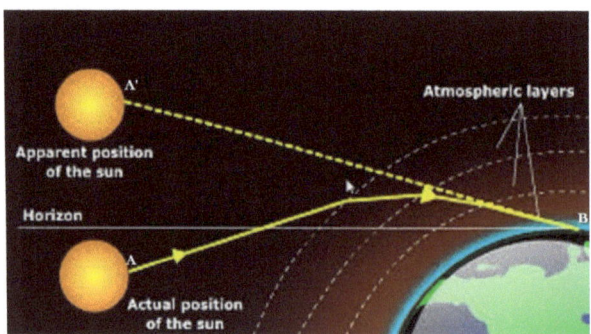

Lintasan cahaya matahari yang melengkung: A-B terlihat lebih panjang sedikit dibandingkan A'-B. Hal ini menjelaskan bahwa pelambatan cahaya –time-delay of light-disebabkan oleh refraksi, bukan oleh gravitasi.

8

Kesimpulan

Dari 7 topik pembahasan yang diuraikan di buku ini semoga bisa menambah atau mungkin mengingat kembali mata pelajaran/ kuliah fisika modern, terutama berkaitan dengan Teori Gravitasi. Teori relativitasnya Albert Einstein menyangkut bidang yang luas, bukan hanya fisika saja melainkan juga Astronomi, Astro Fisika dan Kosmologi, atau menyangkut alam semesta, terutama teori relativitas umum yang 'kontroversial' terkait dengan pandangannya mengenai gravitasi.

Teorinya tentang gravitasi-Einstein's Gravity- berbeda dengan teorinya Isaac Newton tentang gravitasi. Dan fakta sampai sekarang ini teori gravitasi Newton yang kita gunakan, dan juga mendasari teori-teori dalam Ilmu Astronomi/Perbintangan, misalnya teori peredaran planet-planet terhadap matahari, teori terjadinya 4 musim, teori pasang-surut, dan sebagainya. Seorang fisikawan dari Universitas North Carolina, Amerika Serikat, berkata jujur:"Until now, we use Newton's gravity, so far..". Namun teori relativitasnya Einstein juga berkembang dan banyak sekali melahirkan teori atau hipotesis dalam fisika modern, misalnya ; Teori Black Hole, Teori Big Bang, The Expanding Universe, String theory, Dark

Matter, Dark Energy, dan sebagainya.

Dan buku ini mengungkap fakta sebenarnya di balik kepopuleran nama Albert Einstein dan teori relativitasnya. Fakta yang dijelaskan di dalam buku ini terutama berkaitan dengan latar belakang atau ide-ide yang menjadi dasar teori relativitas, baik teori relativitas khusus maupun teori relativitas umum: yaitu eksperimen-eksperimen imajiner atau 'eksperimen pikiran' (Thought Eksperiments). Di buku ini disampaikan analisisnya, bahwa Einstein's Thought Experimen tidak lengkap (incomprehensive) dan cenderung menyesatkan, sehingga teori relativitasnya juga salah, dan di dalam buku ini disampaikan bukti kesalahan itu.

Kesalahan fatal adalah adalah hipotesisnya dalam idenya tentang gravitasi (Relativitas Umum/General Relativity):

" Einstein calculated the degree of deflection that should be observed and predicted that for the stars closest to the sun the deviation would be about 1.75 seconds of an arc."

Prediksinya pembelokan cahaya bintang sebesar 1.75 sec.arc di atas tanpa memperhitungkan tinggi bintang dalam pengamatan (without taking into account the altitude of star). Hal ini jelas salah, karena deviasi cahaya bintang sangat tergantung dengan ketinggian bintang. Deviasi atau penyimpangan cahaya bintang yang diamati dari bumi; misalnya

KESALAHAN FATAL TEORI RELATIVITAS EINSTEIN

pada ketinggian 15 – 20 derajat diatas horison, deviasinya akan lebih besar jika lebih tinggi misalnya pada ketinggian 45 – 60 derajat. Semakin tinggi maka deviasinya semakin kecil, dan pada ketinggian 90 derajat atau jika bintang berada tepat di atas kepala seorang pengamat, maka deviasinya = 0. Pada kondisi ini posisi sejati bintang sama dengan posisi semu bintang.

Hipotesis relativitas umum salah atau invalid, dan sebenarnya tidak bisa diuji atau dites dengan cara apapun juga. Kita mengetahui dalam metode ilmiah, jika suatu hipotesis invalid maka harus ditolak atau dimodifikasi. Sayang hal ini tidak dilakukan, bahkan banyak sekali percobaan dilakukan dan semuanya menyatakan bahwa relativitas umum benar. Teori ini bahkan dianggap sangat akurat. Tentang hal ini telah diterbitkan 2 (dua) buku dalam bahasa Inggris karangan penulis berjudul 'Albert Einstein Failed in Three Classical Tests' (2016) dan 'Logical Fallacies of Special and General Theory of Relativity'. Dua buku tersebut mengungkap kekeliruan dan mis-interprestasi eksperimen-eksperimen yang membuktikan gravitasinya Einstein.

Kesalahan fatal lainnya yaitu cara pembuktian melalui gerhana matahari sesuai yang diusulkan sendiri oleh Einstein. Tentang hal ini telah dijelaskan di bagian depan. Akhirnya kita mengetahui, bahwa Albert Einstein tidak memahami dasar-dasar ilmu astronomi.

"*Einstein proposed therefore, that photographs be taken of the stars immediately bordering the darkened face of the sun during an eclipse and compared with photographs of those same stars made at another time.* According to his theory, the light from the stars surrounding the Sun should be bent inward, toward the Sun, in traversing the Sun's gravitational field; hence the images of these stars should appear to observer on earth to be shifted outward from their usual positions in the sky."

Dari kutipan di atas terlihat bahwa Einstein ingin mengukur penyimpangan cahaya bintang akibat gravitasi matahari; namun ia mengusulkan pengukuran penyimpangan cahaya bintang akibat atmosfer bumi, dan ia tidak menyadarinya. Ironisnya, cara pengukuran yang diusulkan itupun tidak ilmiah dan salah.

Jika membaca kutipan di atas, para navigator di seluruh dunia akan mudah mengetahui bahwa hipotesisnya Einstein itu salah, dan tidak bisa diuji-coba atau dites dengan cara apapun juga. Mereka juga akan mudah mengetahui cara pengujian yang diusulkan oleh Einstein juga salah, justru menunjukkan bahwa Einstein tidak mengerti dasar-dasar ilmu astronomi.

Referensi

1. Lincoln Barnett, The Universe and Dr.Einstein, London, June 1949

2. Dr.Einstein dan Alam Semesta, Dahara Prize, 1991.

3. Bowditch, American Practical Navigator, Volume I - II, Defense Mapping Agency Hydrographic / Topographic Center, 1984.

4. John P.Budlong, Sky and Sextant-Practical Celestial Navigation, Van Nostrand Reinhold Company, New York, Second Edition, 1981.

5. Lorens Bagus, Kamus Filsafat, Penerbit PT. Gramedia Pustaka Utama, Jakarta, 1996.

6. Website: NASA Eclipse Web Site, SCIENCE CENTRIC Web Site, Wikipedia, Medium.Com, MailDaily,The Guardian, NewScientis.Com, Lifescience.Com, HuffingtonPost,ScientificAmerican

Tentang Penulis

Gatot Soedarto, lahir di kota pantai Tuban, Jawa Timur. Lulusan AKABRI Bagian Laut, kemudian berdinas di kapal-kapal perang RI jajaran Armada RI. Pernah ditugaskan di Ditjen Hubla dan menjabat sebagai Kepala Armada Pusat KPLP (Indonesia Coast Guard).Pengalaman mengajar sebagai dosen di Akademi Angkatan Laut, dosen di Seskoal – Cipilir Jakarta, dan dosen di Sesko TNI Bandung.

Buku-buku karangannya antara lain : Teknik Digital Komputer (Surabaya, 1981), Pencegahan dan Penanggulangan Bahaya Kebakaran (Jakarta, 1983), Mencegah Kerusakan Lingkungan dari Bahaya Kebakaran (Jakarta, 1985), Sun Tzu dan Seni

Perang Modern di Mandala Lautan (Jakarta, 2003), Sun Tzu and Naval Strategy (CreateSpace, USA, 2012), Lessons of the Falklands War (CreateSpace, USA, 2013), Katiga dan Pencegahan Bahaya Kebakaran (CreateSpace, USA, 2014), Eclipse 1919 and the General Relativity Theory(CreateSpace, USA, 2014, 94 pages), Other Views of Naval Battles (CreateSpace, USA, 2014), Albert Einstein Failed in Three Classical Tests (CreateSpace, USA, 2016, 101 pages), Logical Fallacies of Special and General Theory of Relativity (CreateSpace, USA, 2017, 174 pages).

www.ingramcontent.com/pod-product-compliance
Lightning Source LLC
Chambersburg PA
CBHW040828180526
45159CB00001B/101